KB053839

슬로 트립

소울 트립, 그 두 번째 이야기

슬로 트립

장연정 지음

북노마드

Contents

이 땅을 바라보는

새로운 시선,

1999년, 이탈리아 중북부의 작은 마을 그레베 인 키안티Greve in Chiantti에서 어떤 곳에서도 볼 수 없었던 '공동체 운동'이 시작되었습니다. 공동체 운동의 핵심은 '느리게 살기'를 실천하는 '슬로 시티Slow City'. 마을 주민들은 자판기와 냉동식품, 패스트푸드, 백화점, 할인 마트를 도시에서 밀어내고 토속 음식을 먹고 자전거를 이용했습니다. 마을 한복판 광장에는 마을에서 나는 흙으로 주민들이 직접 구운 벽돌을 깔았고, 호텔은 오래된 마을의 성城을 개조했습니다.

'슬로 시티' 운동이 처음부터 순탄했던 것만은 아닙니다. 많은 주민들이 '불편함'을 호소하며 동참하지 않았습니다. 하지만 빨리빨리 살 것을 강요하는 바쁜 현대 생활이 인간을 망가뜨리는 바이러스라고 생각한 파올로 사투르니니Paolo Saturnini 시장의 의지는 결국 1만 4000여 주민들의 마음을 움직였습니다. 전통과 자연을 최대한 보존하면서 개발을 해야 마을이 진정한 발전을 이룰 수 있다고 믿게 된 마을 주민들의 삶은 당연히 이전과 달라졌습니다. 이후 '슬로 시티' 운동은 전 유럽으로 전파되었고, 20개국 132개 도시(2010년 6월)가 슬로시티 국제연맹에 가입하기에 이르렀습니다.

슬로 시티를 찾아서

전남 완도, 담양, 장흥, 신안, 경남 하동 등 국내 슬로 시티 심사를 위해 우리나라를 찾기도 한 사투르니니 시장에게 '슬로'란 단순히 '패스트 fast'의 반대말 개념이 아닙니다. 그가 말하는 진정한 의미의 '슬로'는 환경과 자연, 시간, 계절을 존중하고 우리 자신을 존중하며 느긋하게 사는 것을 의미합니다. 자연의 삶을 실천하고, 전통적인 것들의 가치를 다시 깨달음으로써 더 나은 삶을 향한 진정한 '슬로'를 주장하는 것입니다.

'슬로 트립'은 오로지 앞만 보고 달려온 우리에게 진정한 휴식을 안겨주는 새로운 여행법입니다. 물질적 여유를 얻기 위해 빨리 달려온 우리, 하지만 여유롭기는커녕 그것을 지키기 위해 더 빨리 달릴 수밖에 없는 우리의 삶을 돌아보는 시간이기도 합니다. 슬로 시티 운동이 느리게 사는 삶의 맛을 일깨워주었듯이 슬로 트립은 느리게 여행하는 참맛을 가져다 줄 것입니다.

slow trip 1

중도

해야 할 일도 잠시 잊고, 내일 걱정은 내일에게 맡겨두고 나를 멈추는 것.
그 순간만큼은 그 어떤 음악도, 눈요깃거리도 접어야 한다.
다만, 느리게 호흡하고, 천천히 마음을 가다듬는 게 중요하다.
그러다 보면 어느새 나를 감싸던 불안이란 녀석은 공기 중에 흩어지고
나의 바깥은 조용히 내 안의 피안彼岸이 된다.

거기 바쁘게 뛰어가는 그대여,
우리에겐 지금 멈추지 않으면 놓치는 것들이 너무나 많다.

Andante,
Andante

마냥 느려지고 싶은 어느 날。
빨랫줄에 걸려 느릿느릿 해를 받고 있는 빨랫감처럼 삶의 속도를 잃어버리고 싶은 날. 마음에 쌓인 짐이 너무 많아 더 이상 두 다리에 힘이 들어가지 않는 날. 어디서부터 시작되었는지 모르는 속상함과 후회, 막막함이 온몸을 구석구석 조여 오는 날.
참 눈물 나는 날.

그런 날이면 늘 하는 일이 있다.
햇살 받기。
언제나 세상을 밝히고 있는 것이 햇볕이고, 어느 노랫말처럼 영영 피할 수 없을 만큼 항상 그 자리에서 우리를 내려다보는 것이 햇살이지만 말이다.
그런 날이면 나는 햇살을 본다, 고 하지 않고 '받는다'고 말한다. 절실함. 내가 먼저 손 내밀어 받지 않으면 도저히 고쳐질 것 같지 않은 마음의 병이 가득하기 때문이다. 가능하다면, 나를 낫게 해주어 감사하다며 두 손으로 공손히 받고 싶은 심정이다.

햇살을 받는 방법은 간단하다. 어디에서든 때에 맞는 방법으로 햇살을 받는 것. 취향에 따라 돗자리가 있어도 좋고, 작은 양산을 펼치고 누워도 좋다. 다만 한 가지 잊어서는 안 될 게 있다.

시간을 잊을 것.

가만히 눈을 감고 태양의 기운을 받노라면 사방이 조용해지는 걸 느낄 수 있다. 빠르게 지나가는 자동차 소리도, 복잡한 생활의 동선을 그리며 지나가는 사람들 소리도, 톱니바퀴 이어지듯 끊임없이 삐걱거리는 내 삶의 소리도, 문득… 사라진다. 오로지 나와, 햇살만이 있는 시간.

그렇게 가끔, 나는 광합성을 한다。
'휴식'이란 말은 생각보다 참 놀라운 것이어서, 해바라기를 하는 동안에는 눅눅하고 불편했던 삶의 부유물들이 어느새 말끔하게 말라 뽀송한 여백만 남게 된다. 평소에는 그다지 의식하지 않던 머리 위 햇살을 마음 깊이 생각하는 순간, 나는 꽃이 되고, 푸른 잎이 된다. 역시나 삶을 위로해주는 것은 아무런 대가없이 묵묵히 존재하는 공기나 햇살, 바람 같은 것들이었다고 뒤늦게 깨닫게 된다. 그러고 보면 결국 사람도 푸른 식물에 다름 아니다. 그렇게 해바라기를 하며 늘 주문을 외듯 하는 말이 있다.

안단테, 안단테. 느리게 느리게.
좀 더 빨리 흐르는 게 맞지만,
지금 이 순간만은 안단테 안단테.

해야 할 일도 잠시 잊고, 내일 걱정은 내일에게 맡겨두고 나를 멈추는 것. 그 순간만큼은 그 어떤 음악도, 눈요깃거리도 접어야 한다. 다만, 느리게 호흡하고, 천천히 마음을 가다듬는 게 중요하다. 그러다 보면 어느새 나를 감싸던 불안이란 녀석은 공기 중에 흩어지고 나의 바깥은 조용히 내 안의 피안彼岸이 된다.

살아가는 동안, 이런 순간은 무척, 자주 필요하다. 각자의 삶의 모양만큼의 시간이면 좋겠지만 그럴 순 없는 일. 우리 생의 전체가 아니더라도 일부분만이라도 그렇게 되었으면 좋겠다. 비단 집 안에서 해바라기를 하는 시간이 아니더라도, 가능하다면 삶의 전체에 느릿한 해바라기의 시간을 쥐어두며 살아갔으면 좋겠다.

알고 있다. 한 템포 느리게 시간에 순응한다는 것, 그것이 얼마나 많은 것을 포기해야 가능한지를. 너무나 바쁘게 돌아가는 세상에서 주춤거리며 살다보니 모르는 바 아니다. 하지만 이런 틈이 존재하지 않는다면 우리의 생은 언제 어떻게 허무하게 무너져 내릴지 모른다. 일 분에서 한 시간, 한 시간에서 하루, 하루에서 며칠….

그렇게 잠시나마, 혹은 얼마간 나를 '느리게' 놓아주는 건
결국 '나'를 만나는 일이다. 그렇게 나는 점점 깊어진다.

문득 겁이 난다. 늘 타인의 시선에만 집중해 살아가는 우리들. 이런 우리에게 정작 가장 소홀한 상대는 '내'가 아닐까 생각하면 덜컥 겁이 난다. 그런데도 우리는 여전히 다른 사람이 사는 모습을 훔쳐보고, 그것에 나를 맞추며 바쁘게 살아간다. 내게 필요한 것이 무엇인지 모르고, 아니 알면서도 모르는 척 산다. 먼 훗날 눈감기 직전 후회해도 아무 소용없는 일인데도 말이다.

그러니 안단테 안단테, 내 삶에 얼마 동안 해를 쬐어주자. 잠시만 느리게 호흡해보자. 앞으로만 가지 말고 용기를 내어 잠시 뒷걸음질 쳐보자. 눈을 감고, 시간을 잊고, 현실의 고단함을 뒤로 한 채 슬며시 한 걸음 두둥실 떠올라 쉬기로 하자.

거기, 바쁘게 뛰어가는 그대여,

우리에겐,
지금 멈.추.지. 않.으.면. 놓.치.는. 것.들.이. 너.무.나. 많.다.

내가
밟은 모든 길

AM 05:40.
아침 해가 막 떠오를 무렵. 한반도의 남쪽 끝을 향한 여행길에 오른 우리는 예상치 않은 곳에서 방향을 튼다. 너무 한 방향으로만 펼쳐진 고속도로의 일방성이 지겨워서였을까. 여행을 떠나기 전에는 이 속도감이 그리웠는데, 뭔가 놓치고 지나가고 있다는 생각을 지울 수 없다. 일상으로부터 벗어나기 위해 떠나왔는데, 결국 목적지를 향하고 있을 뿐인 이 시원시원한 도로가 왠지 답답하다.

그래, 벗어나자.
어떻게든 목적지엔 도착하게 되어 있고, 지금은 잠시 벗어나야 할 순간이라고 생각하자. 우리는 내비게이션을 끄고 빠져나갈 준비를 한다. 차는 인터체인지를 빠져나가 23번 국도로 접어든다. 영광, 고창 같은 낯익고도 생소한 이름이 박혀 있는 표지판이 나오기 시작하자 마음이 편안해진다. 길의 결이 곱지 않을수록 흔들리는 몸과 함께 머릿속은 외려 맑아진다.

새벽안개 가득 찬 타지의 아침. 나는 이름 모를 감격에 빠진다. 그토록, 절실했던 느낌이 바로 이런 것일까. 나무 냄새, 풀 냄새, 흙 냄새, 사람 냄새….
단 한 번도 그리워한 적 없다 생각했는데 이렇게나 그리웠구나, 하는 생각에 코끝이 시큰해지는 그 냄새.

코스모스가 가득한 도로를 달리다 어느 곳에 멈춰 선다. 추수가 임박했음을 알려주는 황금빛 논과 초록과 주홍빛의 낮은 지붕이 옹기종기 모인 이름 모를 마을 풍경. 굴뚝 위로 하얀 연기가 솟아오르고, 커다란 눈망울의 소들이 축사 밖으로 빼꼼이 고개를 내밀어 인사하는 곳. 삶이 풍경 바깥으로 흘러나오는 곳. 그저 바라보는 것만으로도 사람 사는 모양을 흠뻑 느낄 수 있을 정도로 친근한 곳. 여기가 어디일까. 일행에게 물어보았지만 아무도 대답하는 이 없다. 아마 전라북도 고창 어디쯤인 듯하다는 말 밖엔.

누군가는 고작 아침나절의 시골 풍경에 왜 그리 호들갑이냐고 말할지도 모르겠다. 하지만 아무래도 좋다. 우리 모두, 그리워 해온 것이 다를 뿐이니까. 카메라로 내 눈의 풍경을 억지스레 찍어 담았지만, 역시나 역부족이다. 빛깔도 내 마음도 완벽히 나오지 않는다. 우리는 그렇게 어디인지 정확히 알지 못해도 다 알 것 같은 길 위에서 한참을 걷고, 쉬었다. 목적지는 아직 많이 남아 있지만, 그 순간 내비게이션이 말해주는 거리는 마치 학창 시절 수학 시험지 위에 놓인 문제처럼 버거워 귀찮아졌다. 해가 떠오르는 동녘 끝으로 아침안개가 밀려 사라질 무렵, 나는 스스로에게 묻는다.

지.금. 이.곳.이.라.도. 괜.찮.지. 않.을.까?

우리가 '여행'이란 말 속에서 가장 먼저 떠올리는 건 무엇일까?
여행지에서 겪은 갖가지 사건들에 대한 회고담, 여행지에서 마주친 화려한 상징물, 여행지의 풍광 혹은 함께 떠난 사람과 나누었던 갖가지 감정들… 아마 제각기 다를 것이다. 그렇게 다양한 대답 속에서 나는 이제 겨우 나만의 답을 찾아냈다.

내가 밟은 모든 길。

목적지에 다다르기 전 느꼈던 설렘, 동트던 시간에 마주친 아침안개에 둘러싸인 이름 모를 마을의 푸근함, 도로변 가득 피어난 올 가을의 첫 코스모스…. 여행자라면 누구나 어서 빨리 목적지에 도착하고픈 마음을 갖겠지만, 이런 쉬어가는 시간 속의 소소한 발견이야말로 여행자만이 누릴 수 있는 고마운 경험일 것이다. 자, 이젠 여행을 떠나는 길 또한 엄연히 여행의 한 부분이라고 생각하기로 하자. 목적지 이전의 모든 발자취. 그렇게 결심하고 나면 사소한 풀 하나, 나무 한 그루조차 그냥 지나칠 수 없으리라. 가끔 이런 식의 일탈 속에서 만나는 풍경을 향한 고마움도 오래오래 여행의 한 부분으로 기억하게 될 것이다. 그저 지도의 어디쯤으로 표현할 수 있는 낯선 고장의 한 조각을 우연히 만나는 것. 그래서 잠시 걷기도 하고, 때론 형언할 수 없는 감격적인 장면을 만나 울컥했던 기억을 떠올릴 때 비로소 여행은 완성되는 것이 아닐까.

그날, 내 여행의 기억 한가운데 '새벽, 이름 모를 마을의 풍경'은 가장 큰 기억으로 자리하고 있다. 이렇듯 모두가 아는 목적지의 유명한 조각상보다, 그곳으로 가는 길에 만난, 나만이 알고 있는 이름 모를 꽃 한 송이가 '진짜 여행'으로 기억될 것이다.

소금 꽃이 피었습니다

소금 꽃이 핀다。

희고 굵은 소금들이 알알이 해를 끌어안고 피어난다. 바람 한 점 없는 염전의 한낮. 해는 중천인데, 소금은 저 혼자 해바라기를 하며 묵묵히 제 할 일을 다하고 있다. 끝이 보이지 않는 염전의 오후. 염부들은 아직 나오지 않은 시간. 탄생 직전의 침묵처럼, 소금은 조용히 저 혼자 생의 결을 빚어내며 익고 있었다. 이마에 맺힌 땀방울을 닦아내며 아무도 없는 염전의 구석에 앉아 천지 위에 내려앉은 소금 꽃들을 바라본다. 불순한 것들은 다 떨어뜨려 내고, 희고 온전한 것들로 남겨지겠다는 까다로운 고집. 소금은, 바다가 햇살을 사랑하는 고결한 방식이다.

얕은 바람이 염전의 간수 위를 슬며시 쓸고 지나갈 무렵, 그렇게 해가 조금씩 서쪽으로 기울어질 무렵, 어디선가 바다를 닮은 염부들이 하나 둘 나타나기 시작한다. 고무래를 들고 무릎까지 올라오는 튼튼한 고무장화를 신은 염부들의 얼굴엔 제 스스로 해를 받아 빛나고 있는 소금에 대한 대견함이 묻어 있다. 곧이어 이쪽 끝에서 저쪽 끝으로 고무래가 오간다. 어깨에 걸친 수건이 몸이 빚어낸 소금 땀으로 질퍽해질 무렵, 염전의 한 구석엔 어느새 뽀얀 소금무더기가 생겨난다. 가만가만 빛나는 빛의 결정. 그 빛을 마주하는 순간, 이것을 해라 해야 할지, 바다라 해야 할지 가슴이 벅차오른다.

신안군 증도의 태평염전은 증도와 그 옆에 자리한 대초도 사이의 갯벌을 막아 형성된 간척지에 지어진 것으로, 국내 천일염 생산량의 6퍼센트를 만들어 내는 국내 최대의 단일 염전이다. 천일제염법으로 소금을 얻다 보니, 그날그날의 바람과 하늘이 주는 운세에 따라, 비가 많고 적은 시기에 따라 얻을 수 있는 소금의 양이 달라진다. 바람이 심하면 결정이 작아지고, 기온이 낮으면 소금에서 쓴맛이 난다니, 쉽게 모아지는 것 같아도 무척 어렵고도 큰일인 셈이다. 이처럼 소금의 운명을 자연에 기댈 수밖에 없는 것이 그들에겐 삶과 연결된 중요한 문제이겠지만, 나 같은 이방인에게는 오히려 자연스럽고 정직해서 더 좋았다. 그 어떤 인공의 참견 없이 그저 하늘과 바다와 사람의 마음만으로 만들어지는 소금 꽃이라니. 생각만으로도 깨끗하고 순한 기분이 들어 고맙기 그지없다.

오래 전 염전을 떠난 염부의 아버지는 전쟁 때 북에서 이곳으로 피난을 왔다고 한다. 피난민들이 정착할 수 있도록 나라에서 만들어준 이 염전에서 염부의 아버지는 해를 모아 소금 꽃을 피우며 남쪽에서의 새로운 삶을 시작했으리라. 가끔 두고온 고향과 생이별한 가족이 생각날 때면 염전바닥 위로 소금처럼 짠 눈물을 흘렸지만 그에겐 돌아갈 곳이 없었다. 아이들이 자라나고 끝없이 펼쳐진 염전 위에서 고향을 잊는 동안 세월은 흘렀고, 그렇게 많은 사연을 담아 사람을 피우고 소금을 피워낸 염전에게 사람들은 '문화재'라는 이름을 달아주었다.

어린 시절부터 지금까지 단 한 번도 섬을 떠난 적이 없다는 염부는 아버지가 쓰시던 고무래를 밀고, 소금을 모으며 내일의 해를 기다린다고 했다. 신기하게도 그는 어릴 적부터 소금만 보면 괜스레 마음이 설레고 풍족해졌다고 한다. 매일같이 소금을 기다리고, 알맞은 때에 나와 제 스스로 하얗게 빛나는 소금들을 보노라면 이보다 더 나은 생이 또 있을까, 배가 불러 절로 웃음이

난단다.

그의 곁에 쪼그리고 앉아 결정지에 모인, 이제 막 소금이 된 해수들을 바라보며 나는 소금 꽃처럼 웃었다. 순간, 짜고 진한 그의 삶이 바다처럼 넓고 깊어 보였다. 내친김에 고무래를 밀어보겠느냐고 웃음 짓는 그에게 나는 손사래를 칠 수밖에 없었다. 장화가 없어 안 된다는 핑계를 댔지만, 이 소금들을 밀고 나면 마음속에 쌓이는 소금 같이 찡한 감정의 알갱이들을 어떻게 털어내야 할지 막막할 것 같았다.

그에게 인사를 하고 돌아서는 길. 그는 마음 같아선 소금을 한 삽 퍼주고 싶지만, 아직 불순물을 제거하지 않아 먹을 수 없다며 안타까워 한다. 나는 그 마음이 고마워 몇 번이고 뒤돌아보며 그에게 인사를 건넨다. 소금창고 옆으로는 그동안 그가 해를 받아 밀어 모은 소금 산이 소복하게 쌓여 있다. 기나

긴 세월, 염전을 거쳐 간 염부들의 오랜 사연들처럼…. 염전을 빠져나와 태평염전 전망대에 올랐다. 67개의 소금밭과 소금창고들이 펼쳐진 모습이 그야말로 장관이다. 낯선 타향에 밀물처럼 흘러들어와 고향을 그리며 눈물처럼 짠 가슴으로 소금을 모으고 삶을 꾸렸던 지난날 염전 사람들의 모습이 떠올라 잠시 가슴이 찡했지만, 이내 시원하게 펼쳐진 풍경에 가슴이 탁 트인다.

뽀오얀 소금처럼, 티끌 없이 순한 사람들이 살아가는 곳。

느린 섬,
증도에는
오늘도 느리게, 느리게
소금 꽃이 피어난다.

참…
맛있다

증도에 오니 새삼 소금이 세상에서 가장 맛있는 음식이라는 생각이 든다. 음식을 만드는 데 빠져서는 안 될, 가장 중요한 조미료로만 생각했는데, 왜 한 번도 주인공이라는 생각을 못했을까. 소금이 없으면 완성되지 않을 세상의 수많은 요리들을 두고서 말이다.

s.a.l.t의 어원은 라틴어인 sal에서 유래한다. 소금이 금덩이만큼의 가치가 있던 시절, 로마에서는 급여로 금화 대신 소금을 지급했다고 한다. 그래서 파생된 단어가 salary, 즉 급여이다. 한자로 풀이하면 소금의 뜻은 小金, 작은 금이다. 인류가 소금의 가치를 얼마나 소중히 여겨왔는지 알 수 있다.

수천 년 전, 바다가 선물한 작고 하얀 알갱이를 발견하던 순간, 인류의 혀는 깨어나고 '맛'에 대한 열정이 태어났다. 그렇게 맛의 역사는 시작되고, 미각에 대한 인식이 사람의 숨결만큼이나 자연스럽게 진화해나갔다. 사람들은 맛있는 음식을 놓고 감격의 눈물을 흘리고, 문득 눈물에서 소금 맛이 난다는 사실을 깨닫고 우리는 어디에서 왔는지를 고민했을지도 모른다. 인류가 바다로

부터 진화해 두 발로 서서 소금을 발견하기까지는 실로 오랜 시간을 필요로 했다. 소금의 짠맛에 익숙해지며 그렇게 우리는 바다로부터 태어난 존재임을 자연스럽게 인식했을 것이다. 결국 너와 나, 아니 우리 모두가 소금을 온몸에 안고 태어난 존재임을, 내가 곧 바다임을 깨달았을 것이다.

신안군 증도에서 만난 토판 천일염은 자연 그대로의 흙바닥에서 채취한 귀한 소금이다. 토판 천일염은 장판염(장판을 깔고 그 위에 소금을 만드는 방식)에 비해 사람의 정성을 더욱 필요로 한다. 저수지에서 모은 함수를 증발지로 보내고, 그곳에서 적당한 염도가 되었을 때 다시 결정지에 넣어 해를 받아 소금 꽃을 피우는 데 걸리는 시간은 대략 20~25일쯤. 공장에서 기계의 도움을 받아 얻는 인위적인 기계염과는 다른, 자연을 벗 삼은 인내의 시간을 담아 얻어내는 결정이다. 그렇게 흙바닥에서 얻은 토판천일염에는 장판염에서는 얻을 수 없는 흙속의 미네랄 성분이 더해져 훨씬 몸에 이롭다. 염도도 낮아 짜지 않으면서도 맛은 더욱 풍부하다. 몇 알 정도는 그냥 집어 입에 넣어도 전혀 거부감이 일지 않고, 혀가 아리는 일도 없다. 그야말로 소금을 하나의 '맛'으로 만나는 것이다.

'소금 한 사발 나누어 먹은 사이'라는 말이 있다. 음식에 조금씩 첨가되는 소금을 한 사발이나 나누어 먹은 사이라니, 그것은 아주 오래된, 친한 인연이라는 뜻이리라. 밥상에 마주보고 앉아 숟가락질을 하며 이야기가 오가는 것. 인류는 그렇게 오래 전부터 서로의 어깨 위에 세상을 덜어주고 나누며 살아왔다. 그렇게 소금 한 사발을 함께 나누어 먹는 동안 우리는 '너'가 '나'로 바뀌는 소중한 관계의 변화를 온몸으로 느껴왔다.

어린 시절, 오줌을 싸고 자기 몸집보다 커다란 키를 뒤집어쓴 채 찾아온 이

웃집 아이에게 우리의 어머니들은 다른 것이 아닌 소금을 주셨다. 그 영문을 알 수 없는 나눔 속에는 몸이 허약해 밤마다 오줌을 싸는 것이니, 이 귀한 소금으로 음식을 해먹고 어서 건강해지라는 조상들의 숨은 마음이 들어 있다. 요즘처럼 잘 먹고 잘 사는 세상에선 이미 잊힌 이야기지만 그 일화 속에서 우리는 소금을 통해 오갔던 사람들의 '끈끈한 정'을 읽을 수 있다. 어디 이뿐이랴. 액운을 쫓아낼 때에도, 긴 시간 느릿하게 익어가는 젓갈이나 각종 장을 담글 때에도 이용되는 등 소금의 역사는 너무도 오래되었다. 소금은, 그렇게 우리의 삶에 가장 촘촘하고 친숙히 스며든 자연의 선물이다.

증도에서 구입한 토판천일염 한 자루. 조심스레 끈을 풀어 소금 한 알을 꺼내 햇빛에 비추어 본다. 그야말로 자연의 빛깔. 조금은 누렇기도 하고, 어찌 보면 살짝 회색빛이기도 한 빛깔. 인공적인 장치를 거치지 않은 천일염의 빛깔이다. 튼튼하게 잘 익은 소금 한 알을 집어 입에 넣자 마치 사탕을 먹은 것처럼 입속에 침이 한가득 고인다. 곧이어 코끝으로 찰싹~ 푸른 파도가 친다. 단순히 짠맛이라는 말로는 설명할 수 없는, 이루 말할 수 없는 향기로움. 그리고 나도 모르게 터져 나오는 탄성.
"아, 참 맛있다."
한 알을 녹여먹고 다시 한 알을 입에 넣고, 어쩌면 이렇게 맛있는 소금이 있을까. 신기하네. 나도 모르게 혼잣말까지 하고 있다. 이렇게 태어나서 처음으로 소금 한 알을 정성스럽게 음미하며 소금의 역사를 되짚어본다. 증도에 오지 않았다면 평생 생각하지 않았을 것 같은 고마운 배움이다.

바이시클 랩소디

#1. 여섯 살의 자전거 - 건강함

직립보행의 놀라움을 경험하고 몇 년 후, 처음으로 바퀴 달린 것의 매력에 빠졌던 다섯 살. 나에겐 세발자전거가 있었다. 파란색 몸체 뒤편에 친구를 태울 수 있는 자리까지 마련된 제법 괜찮은 녀석으로 어렴풋이 기억된다. 어쩌다 흙탕물이라도 묻는 날엔, 손수 휴지로 흙을 닦아낼 정도로 애지중지했던 어린 날의 보물.

아무리 달려도 넓기만 한 우리 동네. 자전거에 앉은 나는 언제나 용감했다. 당장에 천 리, 만 리라도 달려 나갈 수 있을 것처럼. 엄마 몰래 집을 빠져나와 딩동딩동 앞길을 막는 장애물을 향해 기세등등하게 경고의 벨을 울려가며 골목을 지나고, 슈퍼를 지나고, 조심조심 횡단보도를 건너 동네 시장까지 내달렸다. 하루하루 너무나 똑같은, 지금과는 비교할 수 없을 만큼 다이내믹했던 세상. 그땐, 온 세상이 우리 동네 안에 다 들어 있는 기분이었다. 세상의 모든 다섯 살에게 그러하듯 '우리 동네'는 내가 앞으로 나아가는 만큼 조금씩 넓어지는 신기한 동네였다.

'속도'라는 것에 처음 반응하던 가슴의 느낌이 좋아서 그 두근거림을 위해 페달을 밟았던 그때에는, 온몸에 땀이 송글송글 맺힐 만큼 달리면, 또 그만큼의 바람이 내 몸을 식혀준다는 섭리가 제법 마음에 들었다. 그렇게 콧속으로 파고드는 바람으로 몸이 자라던 시절, 엄마는 매일 밤, 넘쳐흐르는 열기로 흠뻑 젖은 나의 이마를 쓸어 넘기며 콧바람이 잔뜩 든 어린 딸의 무탈을 염원하셨다.

키 작은 세발자전거는 구르는 만큼만 달려 나가는 정직한 자전거였다. 비탈이 아니라면 언제고 발을 멈추는 즉시 제자리에 멈추는 그런 자전거였다. 나의 세발자전거에는 브레이크가 없었다. 내 두 발이 동력이고, 두 발이 브레이크였다. 그렇게 내가 자전거이고, 자전거가 나일 수 있었던 시절. 바람에 날리는 머리칼을 그리며 잠이 들던 나날들은 꿈에서도 발을 굴렀다. 아마 그때부터 나는 어디론가 멀리 굴러다니는 것에 대해 꿈을 꾸었나보다. 지치지 않고 현실 위를 부유하며 떠다니는 삶을 그렸나보다.

그리하여 다섯 살, 나의 자전거는 '건강함' 이다.
지치지 않고 매일같이 온 동네를 쏘다니는
다섯 살 꼬마의 꽃 같은 웃음이다.

#2. 열일곱의 자전거 – 편지

열일곱의 나는 늘 편지를 쓰는 아이였다.
보낼 수 없는 편지를 늘 가슴속에 쓰고, 가득가득 차곡하게 접어두며 하루하루를 사는 아이였다. 그땐 마음속에 차고 넘치는 게 많아 늘 무언가를 써서 덜어내지 않으면 숨이 막히는 시기였다. 누군가는 사춘기라 했고, 누군가는 모두가 겪는 성장통이라 했다. 하지만 어느 것도 내 마음과 썩 어울리지는 않아서, 나는 늘 그 말이 속상했다.

편지를 써내려가는 장소는 책상이 아닌 자전거였다. 페달을 구르며 한 자 한 자 마음속으로 편지를 쓰다 보면 해는 어느새 서쪽으로 이울어지고 있었다.

시간은 생각보다 느리게 흘러갔다. 내 몸과 마음이 자라면서 우리 동네는 점점 좁아져 더 이상 궁금하지 않았다. 자전거를 이끌고 페달을 밟으며 나는 매 순간 벗어남과 머무름의 경계에서 위태로웠다. 집으로 가는 길에는 기차역이 있었다. 나는 기차역을 가로지르는 육교에 올라 간간이 오가는 기차들에게 편지를 띄워 보냈다. 어디로든 흘러갔으면 하는 심정으로, 어디로든 흘러가 누구에게도 도착하지 말았으면 하는 마음으로.

밤이 내려앉은 기차역은 고즈넉했다. 육교에 홀로 선 내 곁에는 자전거가 있었다. 열차가 지나가며 이는 바람에 꾸깃한 교복치마가 흩날릴 때, 가슴속에 가득 차 있던 먼지 같은 한숨도 함께 흩날렸다. 어슴푸레한 달빛을 받으며 집으로 돌아오는 길, 손길을 준 지 오래된 체인에서는 삐걱삐걱, 내 마음 같은 울음소리가 들려왔다.

그리하여 열일곱 내 자전거는 '편지'다.
이런저런 하소연을 빼곡히 품은 채 어디로든 흘러가고 싶었던
한 소녀의 사소하지만 절실했던 이야기들이다.

#3. 스물한 살의 자전거 – 기다림

스물하나의 봄, 극장에서 김용균 감독의 〈와니와 준하〉를 보고 나오던 날. 내 가슴속에는 물기가 뚝뚝 떨어지고 있었다. '사랑'이라는 두 글자에 골몰하던 그때, 영화는 어린 나를 이리저리 흔들어 놓기에 충분할 만큼 섬세했고, 가만가만 뭉클한 데가 있었다. 영화관을 나오며 가슴속을 꽉 채우던 대사는 극중 최강희가 취중의 주진모에게 건네던 말이었다.

: 너무 잘해주지 말아요.

그러면 상대는 꼭 그만큼 마음이 뒤로 물러나더라고요.

그날, 나는 결국 그 울렁한 기분을 이기지 못하고 낮술을 마신 채 자전거를 탔다.

영화 속 최강희가 타던 때처럼 어둠이 내린 골목이면 더 좋았겠지만 내가 자전거를 탄 곳은 학교 앞 자취방들이 늘어선 대낮의 골목이었다. 그렇게 창피함도 없이 겁도 없이 술에 취해 이리저리 넘실거리며 자전거를 몰다 아스팔트 바닥에 무릎을 벌겋게 다치고 나서야 나는 참았던 눈물을 펑펑 쏟아냈다. 아마 그때의 나는 시원하게 펑펑 울 구실을 절실히 찾고 있었는지 모르겠다. 그렇게 집으로 돌아와 살이 벗겨져 피가 흐르는 무릎에 약을 바르고 밴드를 붙이며, 이 상처가 아물 즈음엔 나도 말끔히 그를 잊겠노라고 다짐했다. 이윽고 벌겋던 생채기 위에 딱지가 앉고 새살이 돋아 오를 무렵, 나는 거짓말처럼 그를 모두 잊었다. 서글픈 낮술의 기억도, 어지러운 자전거의 기억도, 봄날의 아지랑이처럼 가물거리다 사라졌다.

그리하여 스물한 살, 나의 자전거는 '기다림'이다.
나 혼자만 바라보던 너를, 언젠간 나 혼자 모두 잊을 수 있는 날이 오기를
기다리며 적어 내려갔던 어린 내 청춘의 어설픈 사랑 시詩이다.

#4. 서른 살의 자전거 – 고마움

증도의 자전거는 노란빛이었다. 누군가를 기다릴 때 걸어두는 노란손수건처럼, 노란빛에는 기다림과 그리움이 묻어 있다. 그래서일까. '슬로 시티' 증도의 자전거 대여소에는 자신을 타줄 사람들을 그리워하다 곳곳에 녹이 슨 자전거들이 많았다. 열을 지어 놓여 있는 자전거들 속에서 오늘 내가 탈 자전거를 고르며 나는 무척 설렜다. 자전거도, 나도, 오늘만큼은 그리움도 무엇도 다 벗어던지고 어디든 함께 굴러갈 수 있다는 마음이 기뻤기 때문이다.

따뜻한 오후의 햇살 아래 평상에 앉아 자전거를 빌려주는 주인아저씨는 아무거나 골라 타고, 아무 때나 돌아오라며 썰물 때의 바다처럼 잔잔히 웃으셨다. 누군가 자전거 하나쯤 타고 그냥 사라져도 마냥 웃고 있을 것 같은 인심 좋은 얼굴이었다. 나는 그중 키 작은 자전거를 골라 타고 섬 곳곳을 돌아다녔다.

만조의 바다는 금빛 물결을 이루고 있었다. 너무도 고요해, 때론 심심하기까지 한 이 섬에서 나는 바람을 만끽했다. 두 발로는 페달을 밟고, 두 귀로는 바다가 불러주는 노래를 들었다. 소금 냄새 풍겨오는 해변도로를 달리다 순간 나를 따르는 그림자와 마주쳤다. 지금 내가 어떤 표정을 짓고 있을까. 그림자를 보니, 내 속이 다 들여다보였다. 나는 정말, 행복해하고 있었다. 그렇게 찰찰찰, 페달 굴러가는 소리가 제법 리듬감 있게 들려올 무렵, 문득 참 고맙다는 생각이 들었다. 매연도 내뿜지 않고, 마음먹은 대로 굴려만 주면 어디로든 데려다 주는 이런 착한 물건이 다 있다니. 나무 위에 걸린 노란손수건만큼이나 저 멀리에 있는 얼마 안 되는 나의 행복을 기다리는 심정으로 나는 힘차게, 힘차게 페달을 밟았다. 그렇게 바퀴를 굴릴수록 섬은 내 안에 들어와 제 솔직한 얼굴을 보여주었다.

그리하여 서른 살, 나의 자전거는 '고마움'이다.
어디론가 벗어나고 싶은 삶을 꿈꾸는 나를 위해 착실하게 굴러가주는 느림이라는, 고마운 벗이다.

어떤 만남

지도를 들고도 쉽게 찾을 수 없는 곳。
나는 이리저리 헤매다 밭과 도로가 이어진 한구석에서 들깨를 털고 있는 농부를 만났다. 길이나 물어볼까 싶어 그에게 다가가니, 나를 바라보며 미소 짓고 계신다. 한평생 땅과 함께 살아온 착실하고 순한 농부의 얼굴. 그의 얼굴에는 그가 살아온 순응의 시절만큼이나 촘촘한 주름이 밭고랑처럼 나 있었다. 그건 삶의 지도였다.
그런데 무슨 일일까. 지도를 들고 다가가 그에게 물어보려 하자, 그가 고개를 설레설레 젓는다. 아무것도 가르쳐줄 수 없다는 듯. 난 아무것도 모른다는 듯.

: 다른 게 아니라, 나루터 가는 길 좀 여쭈려고요.

일부러 큰 목소리로 다정히 묻는 내게, 그는 또 고개를 설레설레 젓는다.

: 여기 사시는 분 아니세요?

그의 앞에 서서 고개를 갸웃거리는 내게 그는 손바닥을 내밀어 천천히 손가락 글씨를 쓰기 시작했다.

나.는. 말.을. 못해.

한 손에 털어낼 들깨묶음을 든 채, 그는 내 앞에 구부정히 서서 그렇게 한참을 미안해했다. 그리고는 자기 대신 길을 알려줄 사람을 찾기 시작했다. 고개를 쭉 빼고 무언가를 찾는 모습이 마치 때묻지 않은, 산속의 순한 짐승 같았다. 속이 상한 나는 그의 미안한 표정이 싫어 괜히 바닥에 점점이 내려앉은 들깨를 바라보며 말을 건넸다.

: 향기가 너무 좋아요. 이걸로 들기름 짜는 거 맞죠?

그는 고개를 끄덕이며 웃었다.

: 할아버지, 길은 나중에 찾아도 되니까 하던 일 계속하세요. 저 구경할래요.

그래도 그는 계속해서 주위를 두리번거리며 사람을 찾았다. 사람이 뜸한 이 섬에서, 그렇게 속이 상한 나와, 또 길을 알려주지 못해 속이 상한 그가, 들깨 더미를 사이에 두고 마주 앉았다.

그의 앞에 동그마니 앉아 있는 내게 그는 가끔 얼굴을 들어 보이며 미소를 건넸다. 이미 이런저런 이야기를 많이 나눈 기분이 들었다. 삶의 질곡이 굳은 살로 켜켜이 베긴 손으로 바싹 마른 들깨를 툭툭 털어낼 때마다 튼실하게 여문 까만 깨알들이 바닥으로 굴러 떨어졌다. 그는 이 깨를 팔아 밥도 짓고, 방에 불도 떼며 지낼 것이다. 문득 작은 깨 한 알 한 알들이 절실해 보였다.

그렇게 일을 하던 그가 갑자기 내게 지도를 보자고 한다. 지도를 건네며 이곳을 찾고 있다 하니, 그럼 자기와 함께 걸어가자 한다. 나는 고개를 저었다. 그래도 그는 막무가내였다. 이런 시골에 혼자 떠내려온 내게 무슨 사연이 있어 보였는지, 길을 알려주지 못함이 못내 마음에 걸린 눈치였다. 손짓을 보니 가깝다는 것도 같은데, 아무래도 갈 마음이 생기지 않는다. 함께 걷는 내내 어쩔 수 없이 견뎌야 할 침묵이 벌써부터 내 마음을 아프게 했는지, 아니면 다른 무엇 때문인지는 모르겠지만.

: 괜찮아요, 안 가도 돼요.

나는 뭉클해진 가슴으로 인사를 건네고, 모든 일정을 내일로 미룬 채 숙소로 향했다. 얼마쯤 걷다 뒤를 돌아보니, 그는 저무는 석양처럼 그 자리에 서서 나를 향해 손을 흔들고 있었다. 함께 손을 흔들어주고 다시 길을 걸었다. 뒤를 돌아보고 싶었지만, 그가 그곳에 계속 서 있을까봐 돌아볼 수 없었다. 돌아오는 길이 유난히 멀었다.

숙소에 도착해 대충 이불을 깔고 누웠다. '깨알'처럼 많은 할 말을 매일 내뱉고 살아도 답답하다 투정부렸던 내 삶이 부끄러워 이불을 머리까지 뒤집어 쓰고도 잠이 오지 않는 밤. 그날 밤, 나는 말할 수 없는 그의 삶을 생각했다.

향기로운 들깨 향기는 머릿속을 윙윙 맴돌고, 흙과 풀과 바람에게만 몰래 흘려보냈을 70년 남짓한 그의 속내가 내 것처럼 서러웠다.

말이 되지 못한 말들은 모두 어디로 흘러가는 걸까.
스르륵, 눈이 감겨왔다.
어느새 느릿느릿,
달을 넘어 다가오는 새벽이었다.

들어봐,
갯벌의 노래

물이 빠져나간 갯벌。
푸른 회색빛 갯벌이 넓게 펼쳐진 그곳에는 바쁜 생명들의 걸음걸음이 혈맥처럼 그려져 있다. 생명이 움직이는 곳마다 길이 나고, 그 생명들이 제가 사는 곳을 뚫고 드나드는 사이 갯벌은 숨을 쉬고, 살이 찐다. 수없이 뚫린 작은 구멍들을 보고 있노라면, 저 갯벌이 모두 살아 있다는 생각이 들어 가슴이 벅차오른다. 비록 보이지 않지만, 저 밑에 생명들이 숨을 쉬고, 부지런히 자신들의 삶을 꾸려나가고 있는 것이다.

아무도 없는 간조의 갯벌에 서서 가만히 귀를 기울인다. 귀를 타고 넘어오는 바람의 소리를 가슴으로 잠재울 무렵, 갯벌의 소리가 잔잔히 들려온다. 갯가제가 나들이 나가는 소리, 넓적 왼손 집게 두 마리가 여자 친구를 차지하기 위해 다투는 소리, 농게가 밥 먹는 소리, 밤게가 몸을 숨기는 소리. 짱뚱어가 갯벌을 맛보는 소리. 가무락 조개가 하품하는 소리. 다양한 모양새만큼이나 귀엽고 생동감 넘치는 그 소리. 모두가, 참 듣기 좋은 노래다. 내 입을 닫고, 마음과 귀를 열어야 조용조용 들려오는 귀하고 소중한 노래. 누군가의 명언보다도, 세기를 넘나드는 유명 인물들의 잠언보다도 내게는 더 위로가 되는 소리다.

갯벌에서는 생명이 하나하나 음표가 되고, 가끔 불어오는 바람이 쉼표가 되는, 자연의 음악이 연주되는 공연장이다. 이러한 갯벌에서 잠자코 서서 그것

들에게 귀를 기울인다. 고요한 섬이라, 소리가 더 선명하다. 나는 이런저런 기억들을 끄집어내 가사를 붙여 그 노래 위로 흘려보낸다. 갯벌에 점점 가라앉는 생의 이런저런 불순물들.

문득, 마음이 가볍다.

간절한 바람 하나. 더 이상 이 아름다운 갯벌 위에 사람 사는 곳을, 사람을 위한 곳을 짓지 않으면 좋겠다. 간척을 해서, 내 발 디딜 곳을 한 뼘 더 넓혀 놓은들 우리가 더 행복해질수 있을까. 있는 것을 뒤엎고, 없어도 불편하지 않을 것들을 짓는 사이에 우리는 많은 노래를 잃어버렸는지도 모른다. 까끌한 모래알 같은 삶을 어디에서 위로 받아야 하는지, 그 티끌들을 가득 끌어안고 눈물을 흘리며 바다를 그리워하는 사이 갯벌은 마르고, 소리들도 사라졌다. 그런 줄도 모르고, 우리는 우리만 알고 산다. 슬픈 일이다.

가끔씩 그날 그 갯벌에서 들었던 소리들을 생각하면, 그 생명들이 들려준 '숨'의 무게를 생각하면, 가슴이 포근해진다. 어디 가서 그런 위로를 받을 수 있을까. 아마도 그런 위로는 세상 어디에도 없을 것이다. 그때 치유 받은 생의 이런저런 상처는 흉도 없고 흔적도 없이 추억 속으로 흘러들어갔다. 흘러간 노랫가락처럼…. 아련하되, 더 이상 눈물 흘릴 필요 없는 기억으로. 너무나도 고마운 일이다.

그러니 부디,
바다에 가면, 바다가 있었으면 한다.
갯벌에 가면, 갯벌이 있었으면 한다.

너에게 가면, 늘 그곳에 네가 있듯이.
언제까지고, 사라지지 않고, 다만 그 자리에 남아 있었으면 한다.

갯벌이 살아야, 사람도 산다는 사실을 갯벌을 잊어가는 사람들
모두가 알아주었으면 한다.

섬

나.는. 섬.이.다.

갑자기 이 문장 하나가 머릿속에 떠오른다. 스스로 섬이라는 생각이 드는 그 순간부터, 우리는 한없이 저 심연의 바다 끝으로 생각의 끈을 내려놓는다. 그리곤 어느 순간 느릿느릿 짐을 꾸려 섬으로 향한다. 그곳으로 가, 마음껏 외로워하다 돌아오자. 지금 내겐 누구도 필요치 않으니까, 하는 생각 따위가 머릿속에 가득하다.

스스로 섬이 되었다는 생각에 짐을 꾸리는 손이 유난히 한가롭다. 몇 번의 여행 때마다 꺼내보는 백 팩. 그 안에 몇 권의 책, 내가 혼자라는 사실을 잊기 위한 사진기, 아무리 버튼을 눌러도 도무지 연락할 사람이 없는 휴대전화, 간신히 나를 위로하는 음악들, 그리고 약간의 돈. 사실 이것저것 고민해 짐을 챙길 힘이 내겐 없다. 무언가 배불리 채우려 바쁘게 살아온 시간들이 한없이 덧없어지는 순간.

지금, 나는 당장, 너무나 외로운 것이다.

나는 언제부터 섬이 되었던 것일까.
스스로 섬이 되었다는 사실을 깨달았을 무렵, 나는 이웃된 섬과 이미 너무 먼 사이가 되어 있었다. 분명 끝없이 커다란 대륙 어디엔가 붙어 있었는데,

어느새 홀로 관계의 바다 위를 둥둥 떠 표류해버린 것이다. 이따금 너무나 외로워진 마음에 주위를 둘러 볼 때면, 나와 같은 섬들이 제각기 나와 똑같은 얼굴로 이쪽을 바라보고 있다. 모두들 어느새 자신이 섬이 되었는지 도통 모르겠다는, 당황스러움과 쓸쓸함이 가득 묻어 있는 얼굴들. 희한한 건 그들 모두 다른 자리에 서 있지만 이상하리만치 닮아 있다는 것이다. 애초에 하나였던 존재들처럼.

사실 나에겐, 섬이 되어버린 우리에겐, 여기에서 저기로 넘어갈 수 있는 다리가 있었다. 가끔 지독히도 외로워질 때면, 그 다리를 놓고 이쪽에서 저쪽으로 넘어가 이런저런 속내를 풀어놓고 다시 돌아오곤 했다. 그때에는 잠시나마 내가 섬이라는 사실을 잊곤 했다. 기억하기는 어렵고 잊기에 쉬운 삶은, 스스로가 섬이 되어 흘러오는 동안 익숙해진 걸 테니까.

그렇게 이따금 섬과 섬이 모이는 날엔 많은 이야기가 오갔다. 빠르게 살아온 지난 시간, 본인이 작게나마 이룬 성과를 털어놓는 걸로 시작해, 결국은 섬광처럼 지나가 버린 시간에 대한 한탄으로 이야기는 끝이 났다. 마지막에는 부디 자연 속에서 느리게 살다 눈을 감길 바란다며 합창하듯 얘기하곤 했다. 참, 그리고 하나같이 마음속에 숨긴 이야기가 한 가지 있는데, 그건 바로 내가 어쩌다 이다지도 외로운 섬이 되었는지 모르겠다는 말이었다. 그렇게 한 잔을 털어 넣고, 마음속에 수많은 돌덩어리들을 다시 짊어진 채 섬들은 다시 다리를 건너 제자리로 돌아온다. 먹먹한 숙취와 함께 홀로 눈뜨는 아침, 어제의 위로는 모두 사라지고 또 다시 나는 섬이라는 사실을 깨닫고는 다시 외로워진다. 그렇게 위로와 상처가 반복되는 사이, 시간은 쌓여가고, 인간은 결국 각각의 섬이 되어 외로움과 관계의 벽에 관한 역사를 써내려간다. 그것은 세상 어디에도 남아 있지 않은 채 모두의 가슴속에만 조용히 숨어 있는

안쓰럽고 안타까운 기록이다.

스스로 쓸쓸한 섬이라는 사실을 견딜 수 없던 한 가수는 이런 노래를 불렀다. 가수의 목소리만큼이나 무척이나 음울한 멜로디를 가진 그 노래엔 어쩔 수 없다는 듯 '섬'이라는 제목이 붙어 있다.

순대 속 같은 세상살이를 핑계로
퇴근길이면 술집으로 향한다.
우리는 늘 하나라고 건배를 하면서도
등 기댈 벽조차 없다는 생각으로
나는 술잔에 떠 있는 한 개 섬이다.
술 취해 돌아오는 내 그림자

그대 또한 한 개 섬이다.

나는 견딜 수 없이 외로울 때 이 노래를 듣는다. 허술하기 짝이 없는 가방을 열다, 문득 빠진 것이 너무 많음을 깨닫고 허무한 웃음이 터져 나온다. 정작 필요한 건 아무것도 없는 가방. 민박집에 오기 전, 가게에 들러 산 칫솔에 치약을 짜며 너무 외로워 섬으로 흘러 들어온, 나라는 섬에 대해 생각한다. 쓸쓸함은 늘 쓸쓸함으로 덮어 위로하며 살아온 나의 방식이 과연 맞는가, 생각하니 또 한 번 허무한 웃음이 터져 나온다.

차가운 물에 세수하고, 따뜻한 민박집 방바닥에 누워 잠을 청한다. 혹시나 싶어 꺼두었던 전화기를 켜보니, 그간 나를 찾은 사람은 아무도 없다. 생각 없이 바라본 벽에는 누군가 남겨놓은 낙서들로 가득하다. 누렇게 바랜 벽지에 새겨진 사방 무늬만큼이나 복잡한 삶의 외로운 사연들. 그걸 다 뱉어내 짜낸다면 이것보다 큰 방 몇 개쯤은 뒤덮고도 남을 것만 같다. 창문을 잠시 열고 귀를 기울여보니 얼핏 멀리서 파도 치는 소리가 들려온다. 나는 다시 창을 닫는다. 파도 소리를 들으며 잠이 들면 어디론가 또 멀리 둥둥 떠내려가는 꿈을 꿀 것만 같기에, 그렇게 내가 있는 이곳에서 더 멀리 떠내려가 버릴 것만 같기에, 대신 방 한구석에 놓인 오래된 아날로그 라디오를 켠다. 안테나를 쭉 뽑고 이리저리 주파수를 맞추다 한 곳에 멈추곤 그대로 다시 잠을 청한다. 이 새벽, 홀로 떠다니는 마음을 주체할 수 없어 S.O.S를 보내는 수많은 섬들의 사연이 전파를 통해 내 마음속으로 둥둥 떠내려 오고 있었다. 비록 도망치듯 흘러들어왔으나, 나는 정말, 이 섬에서 외롭고 싶지 않다.

우리는 언제쯤 먼저 다리를 놓고 이쪽에서 저쪽으로 건너가는 일을 행복해 할 수 있을까. 그렇게 다리를 건너 다른 섬들을 만나고 돌아와서도 먹먹한 아침을 맞이하지 않을 수 있을까. 과연 우리의 생이란, 커다란 대륙에서 점차 소멸되어가는 섬으로 흘러들어가는 과정일까. 아니면 처음부터 우리는 섬으로 태어났던 것일까. 아무도 외롭고 싶은 사람은 없는데, 아무도 먼저 손 내밀고 싶어 하는 사람도 없으니, 우리는 응당 섬으로 살아 갈 수밖에 없는 가엾은 삶을 타고난 모양이다.

나무를 껴안다

숲으로 간다。
아무도 만나고 싶지 않은 시기. 그렇게 내가 내 속으로 가라앉는 시기. 내가 숲으로 가는 것이 아니라, 숲이 나에게 오라고 하는 때이다. 사람에게 상처받고 힘에 겨울 때이다.

도무지 입 밖으로 나의 서러움을 토해내기 힘들거나, 사람보다 더 묵묵한 존재가 그리워지는 그때, 나는 나무를 찾는다. 나무는 말이 없다. 사람의 힘으로 심어졌는지, 혹은 바람을 타고온 씨앗 한 알로 자생을 시작했는지, 자신이 뿌리내려온 삶에 대해 제 스스로만 안다. 그저 제 속에 감춘 나이테 속에 켜켜이 내려앉은 시간을 끌어안은 채 삶을 인내하는 것이다. 그것은 베어지기 전까진 알 수 없는 나무의 고결한 침묵의 기록이다.

사계절 제각기 다른 모양과 색의 잎을 펼쳤다 접는 활엽수나 사계절 내내 곧게 푸른 잎을 간직한 침엽수나, 모든 나무는 정겹고 착하다. 그렇게 오래 침묵하는 동안 밖으로 토해내지 않은 사연들은 굵고 깊게 뿌리가 되어 저 흙속에 더욱이 탄탄해졌을 것이다. 소소한 인간사에 힘겨워 도망쳐온 가벼운 인간 하나쯤은 기대도 괜찮을 만큼의 튼튼한 품을 가진 나무. 내가 무작정 나무에 기대는 이유가 거기에 있다.

언젠가 텔레비전에서 다큐멘터리 한 편을 본 적이 있다. 숲에서 병을 고치는 사람들의 이야기였다. 위암 말기의 한 남자는 암 판정을 받자마자 다니던 직장과 가족들을 두고 제 스스로 숲으로 걸어 들어왔다. 편백나무 숲에서 텐트를 치고, 나무 옆에서 일어나고 나무 옆에서 밤을 맞이했다. 매일 아침 일어나 숲이 뿜어내는 산소를 들이 쉬고, 숲이 주는 물을 마셨다. 그러다 문득 가족이 그리워지는 어느 순간, 그는 나무 한 그루를 껴안고 절박하게 말했다. "나무야, 나 좀 살려줘." 결국 그는 완치 되었을까, 나는 그럴 거라고 믿는다.

내겐 숲에는 보이지 않는 정령이 존재할 거라는 믿음이 있다. 숲을 지키고, 숲을 만나러 오는 사람들을 맞이하고, 모든 시름을 떠안아주는, 때로는 바람으로 불어오고, 때로는 나비 하나가 되어 날아오고, 혹은 쉬어 갈 바위 하나가 되어 나를 기다려주는 정령이 있다고 믿는다. 숲의 정령들은 제 품을 찾아온 이들의 시름을 덜어주고, 가끔 자연에게 오만해진 인간들을 향해 크게 성을 내면서 곁을 지켜줄 것이다. 나 역시 숲의 보살핌을 받고 있는 소소한 존재이니, 한없이 숲에게, 그 푸름에게 겸손을 표하며 고마워 할 수밖에 없다.

힘이 쭉 빠진 두 다리를 겨우 이끌어 나무 하나를 껴안는다. 두 팔을 벌려 한껏 껴안아도 모자랄 만큼 굵은 잣나무 한 그루. 그렇게 나의 체중을 모두 나무에 싣고, 한쪽 귀를 나무에게 찰싹 기댄 채로 눈을 감는다. 고요한 숲의 시간. 문득 잠이 올 것도 같다. 그렇게 숲 밖에서 얻은 상처들이 하나하나 터져나와 눈시울이 붉어질 무렵 쏴아~ 바람으로 눈물을 말려주며 나무가 나에게 말한다. 괜찮다고, 괜찮다고. 씻어도 떼어낼 수 없는 티끌 같은 사연쯤이야 눈 비벼 울어 빼내면 그만이지 않겠느냐고, 어차피 티끌 같은 사람의 인생이란 작은 바람 한 점에도 날아가 버릴 만큼 부질없지 않느냐고, 그러니 나를 꼭 붙들고 흔들리지 말라고, 흔들리지 말라고….

바람에 잎새가 일며 숲은 나를 타이른다.
그 나직한 목소리를 들으며 나는 이내 잠잠해진다. 미움으로 뒤틀린 가슴도, 원망으로 들끓던 마음도 고요해진다. 끌어안은 손을 풀고 나무 밑동 옆에 앉아 나에게 상처를 안겨준 사람들을 용서한다. 나도 모르는 사이 내가 상처주었을지도 모를 수많은 타인들에게 미안함을 전한다. 숲을 나서며 나는 몇 번이고 뒤를 돌아본다. 멋쩍어질까 손을 흔들거나, 잘 있으라며 혼잣말을 하지 않았지만, 자꾸 뒤돌아보는 내 마음을 나무도, 숲도 잘 알아주겠지.

살며, 예쁜 꽃 한 송이나 꽃 달린 나뭇가지를 쉬이 꺾을 수 없는 마음이 있다. 숲에 들어가 훼손하는 것은 물론이요 함부로 풀 한 포기 하나 들어낼 수 없는 마음이 있다. 그것은 모두, 숲에게 나를 기대본 사람들의 마음이다. 숲이야말로, 사람에게 가장 필요한 고마운 약이라는 사실을 아는 사람들의 마음이다.

오늘도 사람에게 상처를 받고,
나는 품 가득 조용히 나무를 껴안는다.

보물 찾기

1976년 1월. 전남 신안의 앞바다에서 그물을 끌어올리던 그는 쪽빛 바다만큼이나 아름다운 쪽빛 도자기 하나를 건져 올렸다. 그물에 맺힌 바닷물이 햇살에 반사되어 빛날 때, 그는 눈을 감았고, 몇 년의 시간을 침묵해 있었는지 모를 이국의 도자기는 그의 손에서 가만히 시간과 함께 눈을 뜨고 있었다. 물고기 대신 건져 올린 시간의 유물을 들고 사람들을 찾아갔을 때, 사람들은 그가 보물을 찾아냈다며 난리법석을 떨었다. 이제껏 그렇게 아름다운 자기를 본 적 없던 소박한 바닷사람들은 낯설고 황홀한 그 빛에 넋을 잃었다. 그리고는 저 푸른 바다 밑에, 정녕 우리가 그물로는 건져 올리지 못하는 끝없는 미지가 펼쳐져 있을 거라며 수군거렸다.

'혹, 전생에 내가 이 바다에 흘리고 간 표식은 아닐까'
'나는 다음 생에도 이 바다에서 태어나고 싶었던 게 아닐까'

그는 발견한 청자를 품고 새벽까지 잠들지 못했다. 곧이어 나라에서 사람들이 나왔고 전문가들이 바다에 뛰어들어 샅샅이 조사를 거듭한 뒤, 그 청자는 침몰한 중국의 무역선에서 떨어진 보물이라는 사실이 밝혀졌다. 1300년대, 그러니까 발견한 시점으로부터 700년 이전에 일본으로 건너가다 신안군 앞바다에서 침몰한 목선의 흔적이었던 것이다.

그 후로 11차례에 걸쳐 조사는 진행되었다. 사람들은 그 안에서 발견한 유물로 현대의 시간에서 과거의 시간을 다시 꽃피웠다. 그리고 난파되어 타국의 바다 밑에 잠들어 버린 목선을 다시 복원했다. 완벽히 복원된 목선에겐 '700년 전의 약속'이라는, 듣기만 해도 아련한 이름이 붙여졌다. 모든 조사와 발굴이 끝난 후 나라에서는 처음 그물에 자기를 건져 올린 그와, 유물 발굴에 참여한 사람들의 노고를 기록하기 위해 기념비 하나를 세웠다. 방추형의 커다란 기념비는 그렇게 그곳에 서서 지난날 목선이 가라앉은 바다를 말없이 내려다보고 있다. 전남 신안군 증도. 해저 유물이 발견된 해역이 멀리 보이는 높은 곳. 그곳에 처음 700년 전 바다의 보물을 발견한 그의 이름이 기록되었다.

가만히 기념비 옆에 서서 멀리 바다를 내려다보았다. 서늘한 바닷바람이 불어오는 일몰의 시간. 사위는 고요했고, 나는 인적을 기다렸지만, 한 시간이 지나도록 지나는 사람은 없었다. 이윽고 막 자리를 뜰 무렵 나타난 중년의 남자. 그는 동행한 이가 없는, 그리하여 곁이 유난이 휑하던 내게 다가오더니 불쑥 맥주 한 캔을 건넨다. 다른 한손에 들려 있는 검은 비닐봉지에는 맥주 세 캔과 과자 한 봉지가 들어 있다. 통성명도 없이 잠깐의 눈인사를 나누고 우리는 그렇게 유적 발굴 해역을 내려다보며 난파된 배처럼 앉아 있었다.

: 어디에서 왔어요?
: 서울이요.

그리고는 말없이 맥주만 마셨다. 말하지 않아도 그의 마음이 점점이 바람으로 묻어 내 가슴속으로 전해지는 것 같았다.

: 나, 나쁜 사람 아니에요. 갑자기 혼자가 되서, 막막해서 왔어요.

: ……

: 저기서 보물이 많이 발견되었다죠. 발견한 사람은 참 좋겠네.

: 그 사람 것도 아닌데요, 뭘.

: 그런가. 하긴 사람도 그래요. 사람도… 결국 내 것이 아닌데, 내가 찾은 보물인 것인 양 좋아해. 영원히 내 것인 양…

: ……

그의 얼굴은 너무나도 쓸쓸했다. 낯선 이에 대한 경계심을 느끼기엔 너무나 미안할 만큼. 그의 아내는 지금 어디에 있는 걸까. 그리고 (내 안의) 너는? 이런저런 것들을 생각하다 나는 어느새 맥주 한 캔을 비웠다. 하지만 난 계속해서 그의 사연을 들어줄 자신이 없었다. 그렇게 나는 홀로 남아 바다를 보며 맥주 캔을 따고 있는 남자를 뒤로한 채 숙소로 걸음을 옮겼다. 그렇게 길을 걸으며, 누군가는 700년 전의 보물을 발견하고 이렇게 기념비로 세워지는데, 그렇게 보물 같던 '너'를 발견한 나는 과연 너의 가슴속에 어떤 이름으로 기억되는 걸까 생각했다. 그리곤 돌연 쓸쓸해졌다. 아무래도 늘 불공평한 사랑이었기에, 끝까지 기억하는 것도 나 혼자만의 일일 거라는 생각이 들었다.

사랑을 발견하는 일은 보물찾기 같다.
예상치 못한 곳에서 보물을 건져 올린 30년 전의 그처럼 사랑은 그물을 친다고 걸려오는 것이 아니니 더욱 그렇다. 그렇게 어렵게 발견한 사랑을 가슴에 품고 보물처럼 쓸고 닦고 애지중지 하는 사이 닳아버린 가슴은 아무도 알아주지 않는, 오롯이 혼자만의 몫이다. 그렇기에 한때 보물 같은 사랑을 발견하고 그것을 기억하는 이들의 가슴에는 누구나 저 혼자만의 애틋한 기념비 하나쯤은 세워져 있을 것이다. 그곳에 스스로의 이름을 새기고 언젠가 사랑을 위해 한없이 서정적이었던 나 스스로를 기억하는 것이다. 인간은 누구나 한때의 행복한 기억으로 사는 법이니까. 이렇게라도 기억해두지 않으면 견디기 힘들지도 모를 일이니까.

문득 내 가슴속에 세워진 기념비 하나를 어루만져 본다. 가슴속에 음각으로 새겨진 그 시절의 연도와 나의 이름과 너의 기억이 까끌한 촉감으로 생생하게 되살아난다. 송곳의 끝처럼 명료한 기억들.

그때 나는 '너'라는 보물을 발견했다.

그 빛나던 시절이 너무나도 고맙고 귀해 가슴에 피를 흘리는 줄도 모르고 너의 이름 석 자를 새겨 넣었다. 영원히 잊지 못하도록. 지워지지 못하도록.

불행하게도 아직 우리는 보물을 영원히 잃어버리지 않는 법을 알지 못한다. 해서, 이따금 그 보물 같은 사랑을 발견했던 자리에 서서 이렇게 제 심장을 타이르듯 달래는 것이다. 부디 다음 생에서는 네가 먼저 나를 건져 올려주면 좋겠다, 망망대해 같은 삶의 한가운데 가장 귀한 보물로 네 손에 들려지면 좋겠다, 생각하면서.

자꾸만 뒤돌아보고 싶은 마음을 접고 동네로 내려오는 길. 주머니에 두 손을 꽂고 올려다 본 하늘엔 별들이 촘촘히 떠 있었다. 카시오페이아. 북극성, 그리고 어딘가에 있을 페가수스. 모두 싸늘한 늦가을철의 별자리였다.

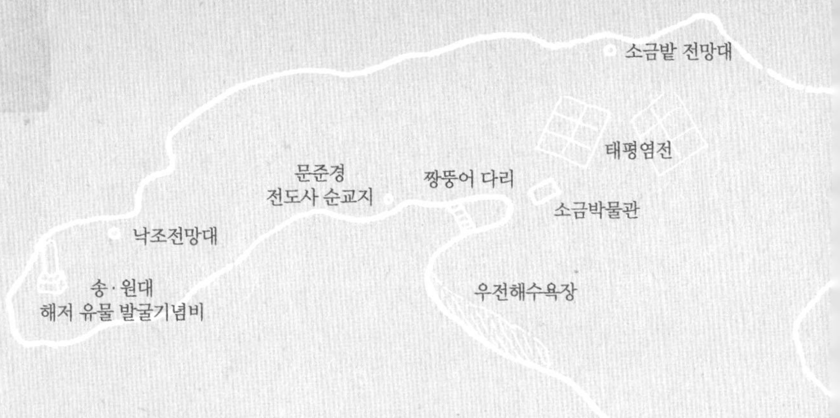

소금밭 전망대

태평염전

문준경
전도사 순교지

짱뚱어 다리

소금박물관

낙조전망대

송·원대
해저 유물 발굴기념비

우전해수욕장

갯벌생태전시관

엘도라도
리조트

? 신안군 증도는 어떤 곳?

2007년 12월 1일, 아시아 최초의 '슬로 시티'로 지정된 때 묻지 않은 천혜의 자연환경을 자랑하는 섬이다. 국내 최대의 소금 생산지인 태평염전도 이곳에 있다. 슬로 시티 연맹이 이곳을 아시아 최초의 슬로 시티로 지정한 것도 자연 갯벌 염전을 지키는 일이 인류의 생명을 지키는 일만큼 가치 있다고 판단했기 때문이다.
1976년 방축리 앞 도덕도 인근 해역에서 송나라, 원나라 시대 해저 유물이 발견되어 한국 해양사 연구에 새로운 지평을 연 의미 있는 곳이기도 하다.
인구 2,200여 명의 작은 섬 증도는 화도, 병풍도, 기점도 등 6개의 유인도와 108개의 무인도를 거느린 다도해의 중심 역할을 하고 있다.
친환경 농수산물 재배, '금연의 섬', 별을 헤는 '깜깜한 섬', '무공해 섬' 지정 등 슬로 시티라는 이름에 어울리는 아름답고 느리고 착한 섬이다

신안군 증도로 가는 길

승용차

서울 ▶ 서해안고속도로 ▶ 무안 IC ▶ 무안읍(1번 국도) ▶ 해제, 지도 방면 ▶ 지도읍 ▶ 증도대교 ▶ 증도
광주 ▶ 함평, 무안, 해제, 지도 IC(24번 국도) ▶ 지도읍 ▶ 증도대교 ▶ 증도
대전 ▶ 호남고속도로 ▶ 정읍 IC ▶ 22번 국도(고창 방면) ▶ 서해안고속도로(선운산 IC) ▶ 무안 IC ▶ 무안읍(1번 국도) ▶ 해제, 지도 방면 ▶ 지도읍 ▶ 증도대교 ▶ 증도
* 2010년 3월 30일, 육지인 지도읍과 증도를 연결하는 증도대교(길이 900미터)가 임시 개통했다. 이로 인해 평소보다 많은 사람들이 섬을 찾는 바람에 '슬로 시티'의 의미가 망각되는 일이 빚어지고 있다고 한다. 부디 이 천연의 아름다운 섬이 훼손되는 일이 없기를 간절히 바란다.

신안군 증도의 명소

증도에서 대여하는 자전거를 타고 섬을 돌아보면 한결 더 즐겁다. 증도면사무소, 소금박물관, 짱뚱어 다리에서 자전거를 대여할 수 있다.
소금박물관 소금의 역사는 물론 태평염전의 설립부터 현재까지의 기록을 모은 곳. 옛 석조 소금 창고를 개조해 만들었다. 등록문화재 제 361호.

드라마 〈고맙습니다〉
촬영지

태평염전 국내 최고의 염전. 여의도의 두 배 크기(140만 평, 463만 m²)의 염전에서 연간 1만 5000톤의 천일염이 생산(국내 천일염 생산의 6퍼센트)된다. 미리 예약하면 염전 체험이 가능하다. 소금박물관 입장권으로 함께 이용할 수 있다. 어른 1,000원, 어린이 500원, 2일 전 홈페이지(www.sumdleche.com)에서 예약해야 한다. 근처 판매소에서 소금도 구입할 수 있다. 천일염은 3킬로그램 3천 원, 함초액을 섞어 만든 신상품 '함초소금'은 3킬로그램에 1만 원에 구입할 수 있다. 전화로 주문하면 택배로도 부쳐준다. 근대문화유산(등록문화재 제 360호).
T. 061.275.7541, www.naturalsalt.co.kr

짱뚱어 다리 길이 470미터의 갯벌 위에 떠 있는 다리. 썰물에는 갯벌에서 노니는 짱뚱어들과 갖가지 게들을 관찰할 수 있다. 환상적인 일몰을 감상하기에도 좋은 증도의 명물이다.

송원대 해저 유물비 1975년, 송나라와 원나라 유물들을 발굴한 기념으로 세운 비. 발굴 해역은 국가 사적 274호로 지정되었으며, 이곳 전망대에서 바라보는 바다의 풍경이 아름답다. 이곳을 지나 해안일주도로를 달리는 드라이브 코스도 유명하다.

우전해수욕장 송림이 울창해 야영지로도 좋다. 곱고 하얀 모래사장 위로 하얀 백합조개 껍질들이 보석처럼 빛난다.

드라마 〈고맙습니다〉 촬영지 '화도'에 위치하고 있다. 엘도라도 리조트에서 선착장 방면 덕정리 삼거리에서 우회전, 화도로 들어가는 구불구불한 길을 따라 들어가면 갯벌 위로 떠 있는 둑길을 지나 화도에 도착한다. 작고 소박한 섬이라 한 시간 남짓이면 관람이 가능하다.

신안군 증도의 맛집

갯풍참민어장어회집 짱뚱어탕이 맛있는 집. 증도면 방축리 T. 061.271.0248
갯마을 횟집 병어나 민어회를 찾는 사람들이 많다. 증도면 증동리 T. 061.271.7528
안성 식당 낙지볶음이 좋은 집. 증도면 증동리 T. 061.271.7998

신안군 증도의 잘 곳

엘도라도 리조트 고급형 대형 리조트. 증도의 새로운 휴양 공간으로 각광받고 있다. 어디에서든 바다를 조망할 수 있어 인기가 높다. 실내수영장은 물론 증도의 특성을 살린 머드찜질, 해수찜질, 다양한 스파 시설도 갖추었다. 회원제로 운영되나 일반 투숙도 가능하다. 우전해수욕장 남쪽에 자리하고 있으며, 22동 121실(15~53평)의 객실이 구비되어 있다. 가격은 15평형 165,000원부터. 취사 불가. T. 061.275.0300

화용 민박 우전해수욕장 한반도 해송공원 옆에 있다. 객실 7실, 기본 5만 원, 단체 12만 원, 공동 샤워장 2개, 개별 욕실 보유, 취사(실내 불가, 마당 가능). T. 061.275.7734

* 그 밖의 숙소는 현지인이 운영하는 민박을 이용하면 된다.

slow trip 2

청산도

퇴근길의 지하철에서, 북적이는 길 한복판에서,
이별하고 돌아오는 골목길에서, 건너편 버스정류장에서
우리는 서로 그렇게 마음 따라 구석구석 탈이 난 몸을 안고 등 토닥여줄
또 하나의 나를 보아왔는지도 모른다.
유난히 눈에 띄는, 무작정 다가가 손 내밀고 싶어지는,
그러다 잠시 시선을 거둔 사이 연기처럼 사라져버리는 수많은 사람들.
어쩐지 나를 닮은 듯도 하고 어디에선가 만난 적이 있는 것 같기도 한 사람들.
우리는 모두 각자의 어깨 위에 비슷한 모양의 쓸쓸함과 생의 상처를 짊어진
존재이다. 그것은 어떤 미묘한 신호와도 같아서 그저 스쳐 지나가던 사람도
뒤를 돌아보게 한다. 그렇게 나와 비슷한 사람들의 식은 등줄기를
쓸어내려주기 위해 우리는 모두 온기 있는 두 손을 가지고 태어난 건지도 모른다.
저기 쓸쓸히 서 있는 나의 환영을 위해.

결국 서로를 위해.

일생을…

처음 내가 난 곳으로 돌아가고 싶은 마음。
살아 있는 모든 것들은 마지막 눈 감는 순간, 그곳을 가장 그리워한다. 아픈 다리를 이끌고 기근해진 마음과 몸을 이끌고 내가 나고 자란 곳으로 애써 돌아오려 하는 이유다. 그곳에서 눈을 감고픈 사람들의 마음을 보면, 삶이 가진 동그란 순환고리의 움직임이 이해된다. 태어난 곳으로 다시 돌아가려는 섭리. 사는 동안 시대가 주는 압박을 견디느라, 하루하루 현실의 무게를 견디느라 망향의 그리움마저 잊고 살던 사람들은 죽을 때가 다 되어 그 그리움이 얼마나 절절했던가를 깨닫고 지친 몸을 이끌거나, 마지막 유언으로 그 그리움을 남은 사람들에게 전한다. 마치 그곳으로 돌아가는 일이 내 생의 마지막 숙제인 것처럼, 마지막 통과 지점인 것처럼, 이제 모든 걸 다 버리고 그곳에 묻히고 싶다, 는 것이다.

푸르른 다도해의 절경에 가끔 숨이 턱턱 차오르는 곳 완도, 청산도.
그곳엔 이상하리 만큼 무덤이 많았다. 마치 무덤도 하나의 풍경이라는 듯, 눈이 닿는 곳곳에 자연스럽게 자리 잡고 있었다. 그런데 이상했다. 하나도, 불쾌하거나, 괴괴하단 느낌이 없었다. 그냥 불어오는 바람처럼, 원래 그 자리에 있던 말없는 나무 한 그루처럼 청산도의 무덤들은 그렇게 사람 사이의 풍경 속에서 평온했다.

밥 먹을 곳을 찾으러 가던 길, 집 뒤켠 기울어진 구들장 논 한구석에 자리 잡

은 무덤 위로 막걸리를 뿌리고 있는 할머니가 보였다. 세상을 향해 뭐 그리 미안한 게 많은지, 허리가 지팡이처럼 굽어 있는 할머니는 막걸리 한 통을 훠이훠이 뿌리곤 주머니에서 곶감 몇 개를 꺼내 무덤 앞에 놓아두었다. 그리고는 여기저기 자라난 잡풀을 뽑아내며 콧노래를 흥얼거리셨다. 이윽고 가만히 앉아 혼잣말을 하며 무덤과 대화를 나누듯 이런저런 말씀을 건네시더니, 아픔 사람의 가슴을 위로하듯 봉분을 툭툭 쳐주시고는 자리를 뜨셨다. 그때였다. 묻지도 않았는데, 큰 소리로 건너편의 나에게 말씀하셨다. 남편이 아니라, 내 아들이라고. 할머니의 집 주변에는 그런 무덤들이 많았다. 아마도 남편이거나, 아들이거나, 한때 같은 밥상에서 식사를 나눴을 가족들의 묘일 것이다. 그들은 그렇게 죽어서도 함께 같은 공간에 머물며 삶을 이어나가고 있었다.

청산도와 더불어 서남해안의 섬 일대에서만 아직도 간간이 전해 내려오는 장례 풍습이 있다. 초분, 이라는 이름의 그것은 고인을 곧장 땅에 묻지 않고, 돌 위에 관과 소나무가지, 이엉 등을 얹어 만든 가묘의 형태를 말한다. 그 초분을 2~3년간 잘 관리한 뒤 날을 택해 다시 묘를 열어 뼈를 추리고 '씻골(뼈를 씻는 일)'을 한 뒤 다시 본장을 하는 것이다. 육지에서는 들어본 적이 없는 섬사람들만의 풍습을 전해들으며 나는 신기하면서도 간담이 서늘했다. 그렇게 초분을 하고, 시간이 흘러 본장을 하는 그들의 마음엔 무슨 사연들이 있는 것일까.

밥집을 찾아 큼지막한 전복이 숭숭 썰어져 들어 있는 전복죽을 먹으며 주인 할머니께 물었다. 초분을 하는 이유가 무엇이냐고. 할머니는 그리 대단할 것 없다는 듯 말씀하셨다. 섬사람들이다 보니, 상주가 바다에 나가 오래 돌아오지 않을 수도 있고, 또 바다를 가까이 두고 있는 곳이니 그대로 땅에 묻는 것보다 뼈를 추려 다시 묻는 게 위생상으로도 좋고, 몇 년이라도 고인을 더 곁에 두고자 하는 사람들의 그리움에서 온 풍습이라고 하셨다. 어떤 이들은 그렇게라도 부모를 더 곁에 두고 싶은 자식들의 '효孝'에서 온 장례풍습이라는 사람들도 있으니, 자신은 이 이야기도 저 이야기도 다 맞는 것 같다며 웃으셨다. 그릇이 넘치도록 담겨 먹어도 먹어도 줄지 않는 전복죽을 먹으며 나는 연신 고개만 끄덕였다. 이해하지 못할 것도, 그렇다고 다 이해할 것도 없는 그들만의 이야기였다. 마지막으로 가게 문을 나서며, '섬에 참 무덤이 많아요'라며 웃는 내게 할머니는 말씀하셨다.

: 우리가 어디 갈 데가 있나.

할머니의 말씀은 아마도 청산도의 수많은 무덤은 모두 이 섬에서 나고 자란 사람들의 묘라는 말인 듯했다. 한 번도 타지 땅을 밟아본 적이 없는, 그저 이 섬에서 태어나, 다시 이 섬의 일부분으로 돌아간 사람들의 무덤이라는 말이었다. 바다에서 태어나 바다가 주는 삶을 살고, 결국엔 사람들의 그리움으로 2~3년간 풀 속에 묻혀 자연 속에 살과 장기를 모두 내어준 뒤 깨끗한 뼈로 다시 묻힌 청산도 사람들의 뒷모습이란 말이었다. 바다를 보며 태어난 그들은 죽어서도 그렇게 바다를 바라보고 있었다. 그러니 정말 무서울 것도 없겠다 싶었다. 모두 다 아는 사람들이었고, 한때 삶을 나누던 사람들이었으니, 무덤 속에 들어가 있다 해서 남이 된 건 아닐 테니….

청산도의 무덤들을 바라보며 나는 내 마음의 고향은 과연 어디인가를 고민하지 않을 수 없었다. 내가 죽으면, 나의 몸은 어디를 향할 것인가. 지친 몸과 마음을 이끌고 끝내 내가 힘을 다해 기어가 눈감고 싶은 곳은 어디인가. 이젠 도무지 섞여들 곳이 못되는 나의 고향은 이미 내 삶에서 시들해졌고,

지금 살고 있는 서울 땅은 도무지 안식을 찾을 곳이 못된다. 그러니까 우리는 지금, 모두 어디를 향해가고 있는 걸까. 정신이야 죽어서 하늘로 올라간다지만, 홀로 쓸쓸히 남은 육체는 어디에 묻어두고 가야 할까. 나고 자란 곳을 수없이 떠나고 떠돌며 사는 요즘의 우리들에게, '마음의 고향'이란 과연 어디쯤 두고 생각해야 하는 걸까.

어쩌면 산다는 건, 결국 내 육체를 고이 뉘일 수 있는 그곳을 찾으러 떠나는 긴긴 여정일지도 모른다는 생각이 들었다.

그래서 많은 이들이 눈감을 때 그려왔던 마음의 고향을 찾을 수 없어 그렇게 짧은 눈물방울 하나 길게 흘리고 가는지도 모르겠다.

102.103 청산도

별것 아닌 여행

오랜 결심 끝에 떠나려는 순간,
하필 통장 잔고가 바닥을 드러내는 건 별것 아닌 일이다.
계획 없이 무작정 떠나려던 날,
하필 폭풍이 몰아치는 것도 별것 아닌 일이다.
다 알고 떠나온 길, 갑자기 길을 잃어 앞이 막막해져도
그때 내려오는 밤의 기운에 가슴이 서늘해지는 일도 별것 아닌 일이다.
늦은 밤 초라한 휴게소 앞에 차를 대고 누워 있다 생각 없이 돌린
주파수에서 그때 너와 내가 좋아하던 그 노래가 흘러나와도,
그래서 울컥 그리움이 솟구쳐 오르는 것도 별것 아닌 일이다.
모두 친절할 것만 같았던 여행지의 사람들로부터 예고 없이
상처를 입는 일도, 그래서 욱신해진 가슴으로 다시 집으로 돌아갈까를
고민하는 일도 별것 아닌 일이다.
하루에서 일주일로, 일주일에서 한 달로, 한 달에서 몇 달로
떠나간 곳에 마음을 빼앗겨 내가 사는 곳의 전기료며 수도료가
밀리는 것조차 까맣게 잊게 되는 것도 별것 아닌 일이다.
사람보다 사진에 매달렸던 여행, 집으로 돌아와 현상한 필름 속에
새까만 어둠만이 찍혀 있는걸 보는 것도, 그 허무함과 속상함에
목이 메는 것도 별것 아닌 일이다.
전화기를 꺼두고 오롯이 혼자만 남고 싶은 시간,
자꾸만 걸려오는 가족들의 전화를 받을까 말까 고민하는 순간의

긴 고요함도 별것 아닌 일이다。
입맛도 없고 움직일 맛도 없는 여행지에서의 어느 날,
온종일 숙소 방바닥에 누워 있다 마른 과자부스러기 하나를 입에 넣는 순간
바스락~ 천둥소리보다 크게 들려오는 호통 같은 그 소리에
재빨리 다시 짐을 꾸리는 순간의 뾰족한 아픔도 별것 아닌 일이다。
오랜 떠남 끝에 집으로 돌아와, 켜켜이 쌓인 먼지를 보고
곳곳에 말라죽은 화분의 누런 잎을 떼어내다 문득 큰 울음을
쏟아내는 것도 별것 아닌 일이다。

그렇게 먼 여행 떠나듯 훌쩍 나를 떠나버린 너쯤이야
별것 아닌 일이다。
이 여행이 끝나고, 내 앞에 펼쳐질 막막한 내일쯤이야 닥치면 그뿐,
별것 아닌 일이다。
그래 모두 다 견뎌내면 그만, 별것 아닌 일이다。
별것 아닌 일이라 생각하고 견디지 않으면 살기 힘든 게,
우리가 부르는 인생이니까。

인생은, 곧 그 별것 아닌 일들로 이루어진 긴 여행이니까。

여행의 맛

노트북과 몇 권의 책을 가방에 넣고 집을 나선 오후,
아무 버스나 잡아타고 얼마쯤 가다 마음 내키는 곳에서 벨을 누르고
내린 뒤 한참을 걸어도 괜찮은 밥집 하나가 나오지 않을 때의 아찔함.
오랜만의 효자동.
이제 막 꽃이 피기 시작한 화단 앞에서 낮잠을
자고 있는 얼룩무늬 강아지의 말랑한 발바닥과 가만가만
인사를 할 때의 따뜻함.
종이냄새 가득한 황학동 중고서점.
먼지 쌓인 책들 속에서 '1971년 10월 구름이 많은 날 이 책을 사다'란
글씨를 발견하고, 이 책의 첫 주인일지도 모를 그 혹은 그녀의 얼굴을
떠올리며 느끼는 설렘.
처음 서울에 올라와 자리 잡고 살던 동네.
괜히 그리운 마음에 지하철을 타고 설렁설렁 찾아가 보니
살던 곳은 모두 허물어지고 바벨탑처럼 끝도 없이 높이 쌓여 있는
아파트 숲을 마주칠 때의 안타까움.
주말의 고속버스터미널.
내 고향의 이름을 달고 서울을 떠나가는 고속버스를 바라보며
마음속으로 손을 흔들 때 느껴지는 아련함.
평일 저녁의 홍대.
우연히 길을 걷다 레코드 가게에서 흘러나오는 빌 에반스에

귀가 꽂혀 그대로 멈춰서 노래가 끝날 때까지 아무것도 못하고
서 있을 때의 쌉쌀한 흥분.
가지도 못할 이국의 어딘가와 갑작스런 사랑에 빠져 밤새도록
그곳을 오가는 비행기표 값을 알아보며 골머리를 끙끙 앓을 때의
달콤한 어지러움.
몇 년 만에 다시 펼쳐든 책.
몇 페이지 넘기지도 않았는데 그 해 가을 책갈피용으로 꽂아둔
나뭇잎 한 장이 납작 엎드린 채 '오랜만이야'라며 인사를 건낼 때,
문득 느껴지는 쏜살같은 시간에 대한 서운함.
소나기 내리는 여름날.
비를 피하러 뛰어 들어간 문 닫은 가게 앞 작은 공간. 하릴 없이
서서 비를 구경하다 서울에 있는 너에게 전화를 걸어보니 "이곳은
너무 맑아" 하는 너의 목소리에 문득 느껴지는 외로움.
장롱 위에서 홀로 먼지를 뒤집어쓰고 있는 여행 가방을 꺼내
괜히 슥슥~ 먼지를 털어내는 날.
혹시나 해서 열어본 가방 구석에 꼬깃꼬깃 접혀져 있는 영수증 하나.
3년 전 너와 내가 사먹은 커피 값이 나란히 적혀 있는 영수증.
까맣게 잊고 있었던 기억과 함께 되살아나는 파리Paris,
그리고 그날 그 커피 한 잔의 향기로움.
속속들이 고맙고 새로운 여행의 맛.

그 순간의 기억 한 스푼으로,
맹맹했던 삶이 구석구석 향긋해진다.

다도해를 바라보며

멀리 떠나는 배가 남기는 하얀 물꼬리는 떨어지는 유성처럼 아름답다. 하얀 캔버스에 파란 물감을 칠하고, 작은 배 하나를 그려 넣고는 배의 뒤쪽으로 흰 물감 칠한 붓을 한번 쓱~ 스친 듯, 사진 같은, 그림 같은 풍경이다. 해가 좋은 어느 오후, 언덕 위 작은 벤치에 앉아 나는 내내 그런 것들을 감상했다.

다도해。
남쪽의 섬이 많은 바다를 사람들은 그렇게 부른다. 섬이 많은 바다. 날씨가 좋으니 저 멀리 이름도 알 수 없는 섬들이 모두 보인다. 사람이 살지 않는 듯 보이는 작고 가파른 섬. 누군가 실수로 흘려두고 간 마음처럼, 섬은 갈 곳이 없어 쓸쓸해 보인다.

가만히 벤치에 앉아 시집을 펼쳐든다. 언젠가 나 같은 마음으로 다도해를 바라보다 쓸쓸해지는 마음을 제 스스로 쓰다듬던 한 시인은 저 바다를 향해 이런 시 하나를 남겼다.

남도의 한려수도나 해남 땅 끝에 사는
또 남해의 보리암 밑 바다에 있는
작고 많은 섬들이 대낮에도 부끄러워
넓은 구름 안개에 아랫몸 감추고
나무 고깔의 머리만 조금 내밀고 있다.

이게 대체 몇 개나 되는 섬이냐 물으면
나요, 나요, 하는 메아리 숫자만큼 많겠지만
낮은 소리로 네가 이쁘구나, 하면
흩어져 있던 섬들 어느새 다 알아듣고
안개 사이를 헤엄쳐 손잡기 시작하네.

아껴주고 보듬어주면 금세 어깨 기대는 섬.
더는 쓸쓸해하지 않는 섬이 손잡고 웃는다.
누가 깨우기 전까지는 모두들 조용하고 깊었다.
오늘에야 서로 껴안고 춤추며 만든
온 바다 속을 채우는 해초와 물고기들.

처음에는 너도 나도 섬이었구나.
우리가 만나 서로 허물을 안아주면서
말의 물길을 통해 경계가 무너지는 섬.
모든 완성은 눈과 눈을 합친다.
모든 완성은 멀고 막막한 하나다.

– 마종기 '다도해를 보며'

시집을 덮고, 나는 내 무릎을 모아 끌어안는다。

무엇이든 안아 따뜻해지고 싶은데,
당장 껴안을 게 나 자신밖에 없다.

모든 섬들이 그러하듯, 스스로 제 몸을 데우는 데는 오롯한 자기 자신이 가장 좋은 연료가 된다. 그렇게 제 무릎을 껴안은 나와 저 멀리 점점이 가슴을 두 팔로 껴안은 채 묵묵히 시간을 견디고 있는 섬이 마주한다. 네가 참 예쁘구나, 손을 내밀며 말을 건네자 금세 내 어깨에 기댈 것처럼, 수많은 섬들이 "저요, 저요"하며 내게로 한 발 한 발 걸어 들어온다.

환영 幻影

겨우 눈을 떠보니 응급실엔 나와 건너편에서 목까지 이불을 덮고 있는 한 여자뿐이었다. 울컥울컥 올라오는 속을 애써 다잡고 커다란 주사 한 대와 링거액을 맞았다. 줌과 줌 아웃을 반복하듯 눈앞을 오르내리는 천정. 차가운 시멘트벽에서 올라오는 한기에 담요 석 장을 덮고도 몸이 오슬오슬했다.

: 급성 장염입니다. 한숨 주무시고 내일부터는 죽을 드세요.

배 이곳저곳을 꾹꾹 눌러보던 의사는 그 한마디를 남기고 당직실로 사라졌다. 옴짝달싹 할 수 없는 몸을 미라처럼 뉘이고 나는 어찌할 바를 모르고 있었다. 내가 지금 아프구나. 그것도 내 발로 찾아온 타지에서. 똑똑 눈물방울처럼 떨어지는 링거액을 보노라니 다시 속이 울렁거렸다. 저녁에 먹은 감성돔 한마리가 다시 울컥울컥 내 속을 비집고 다녔다.

평소에 잘 먹지 않는, 아니 잘 먹지 못하는 회를 먹었다. 먼 바다에 왔으니 이쯤은 먹어줘야지 하는 생각으로 한 점 두 점 꾸꾸이 씹어 삼켰다. 작은 접시에 나온 개불이며 산 낙지며 꼬막 같은 것들을 소주와 함께 꼭꼭 씹었다. 그리고 탈이 났다. 몸은 마음을 따라간다는 걸 탈이 나고 나니 알 것 같다. 나는 그것들을 기쁘게 먹지 못했던 것이다.

내키지 않는 일을 하고 몇날 며칠 끙끙 마음을 앓으면 여지없이 감기가 찾아온다. 속상한 말을 뱉어내고, 혼자 이 생각 저 생각에 마음이 아파지면 머리가 아파 밤새 잠자리를 뒤척인다. 그 불면으로 또 며칠을 소화불량에 시달린다. 내가 얼마나 마음에 휘둘리는 사람인지 몸은 전부 보여준다. 감추고 아닌 척, 좋은 척하며 살아갈 능력은 타고나지 못한 모양이다. 좋아하지 않는 것쯤 거뜬히, 내키지 않는 일쯤 거뜬히 해치우는 사람이면 좋을 텐데. 그러면 사람도, 언젠가 진짜 인연이 될지 모르는 조금은 속상한 인연들도 놓치지 않을 수 있을 텐데. 또 이렇게 추운 새벽의 응급실에 누워 있지 않았을 텐데 말이다.

낯선 느낌의 한적한 응급실은 모든 배가 정박한 검은 밤바다 같았다. 고요하고 텅 빈 가운데 노란 달빛만이 흔들흔들 창가에 아른거렸다. 링거액이 떨어지는 모습을 바라보다가 조금씩 속이 편안해짐과 동시에 잠이 몰려왔다. 떠나온 날부터 지금까지 차곡차곡 쌓아둔 피로감이 일순간에 몰려왔다. 건너편에 누워 있는 여자도 깊은 잠에 빠진 모양이었다. 아무런 미동도 없는 그녀를 바라보며 내 눈도 스르륵 감겼다. 다시 눈을 뜨면 몸도 마음도 상쾌해져 있기를. 오랜만에 짧은 불면의 시간도 없이 나는 잠에 빠져들었다.

링거를 맞고 잠에서 깨어보니 텅 빈 응급실엔 나 혼자뿐이었다. 나와 함께 응급실에 누워 있던 그녀는 벌써 집으로 돌아간 모양이었다. 혼자 링거바늘을 빼내고 주춤주춤 걸어 나와 간호사에게 물었다. 응급실에 저뿐이네요. 그러자 간호사가 나를 빤히 보며 말했다. 오늘 응급실에 아가씨 혼자 계셨는데요. 아닌데 어떤 분이 누워 계셨는데요. 잘못 보신 거예요. 그럴 리가 없는데. 지금 몸이 안 좋으셔서 그럴 거예요. 간호사는 힐난하듯 나를 한번 올려다보고는 다시 고개를 숙여 하던 일을 계속 하기 시작했다. 서늘해진 어깨를 감싸 안고 도망치듯 응급실을 빠져나왔다. 오가는 사람 하나 없는 타지의 새

벽. 택시를 기다리는 시간이 몇십 년처럼 길었다.

몸과 마음에 탈이 나면, 가끔 사람은 자신의 환영을 다른 곳에서 본다고 한다. 너무 쓸쓸하기 때문에, 너무 외롭기 때문에, 스스로 제 등을 두드려줄 수 없기 때문에. 언젠가 몸과 마음이 모두 무너져 내려 도무지 서 있을 힘조차 없을 때 보았던 삶 곳곳의 외로운 사람들은 어쩌면 내가 만든 나의 환영일지 모른다. 가만가만 걸어가 따뜻하게 덥힌 손으로 토닥토닥 쓸어내려주고 싶었던 수많은 뒷모습.

나 아닌 나.

퇴근길의 지하철에서, 북적이는 길 한복판에서, 이별하고 돌아오는 골목길에서, 건너편 버스정류장에서 우리는 서로 그렇게 마음 따라 구석구석 탈이 난 몸을 안고 등 토닥여줄 또 하나의 나를 보아왔는지도 모른다. 유난히 눈에 띄는, 무작정 다가가 손 내밀고 싶어지는, 그러다 잠시 시선을 거둔 사이 연기처럼 사라져버리는 수많은 사람들. 어쩐지 나를 닮은 듯도 하고 어디에선가 만난 적이 있는 것 같기도 한 사람들.

우리는 모두 각자의 어깨 위에 비슷한 모양의 쓸쓸함과 생의 상처를 짊어진 존재이다. 그것은 어떤 미묘한 신호와도 같아서 그저 스쳐 지나가던 사람도 뒤를 돌아보게 한다. 그렇게 나와 비슷한 사람들의 식은 등줄기를 쓸어내려주기 위해 우리는 모두 온기 있는 두 손을 가지고 태어난 건지도 모른다. 저기 쓸쓸히 서 있는 나의 환영을 위해.

결국, 서로를 위해.

그날 새벽의 응급실 건너편에 누워 있던 그녀는 누구였을까. 나처럼 타지로 여행을 와 잠시 몸과 마음에 탈이 났던 여자였을까, 아니면 그것은 내가 만든 나였을 뿐, 처음부터 그곳엔 아무것도 없었던 걸까. 도대체 어디로 간 걸까. 탈이 난 몸을 뉘이고 따뜻한 담요를 목까지 올려 덮고 있던 그녀는. 새벽과 함께 어디론가 감쪽같이 사라져버린 그녀는.

슬로푸드

'슬로푸드 운동'은 1986년 이탈리아의 작은 마을에서 처음 시작되었습니다. 기업화된 대량 생산 체계를 가진 패스트푸드 체인점에게 그들의 전통적인 식생활 문화를 빼앗길까 염려한 이탈리아인들의 움직임이었지요. 사람의 입맛이 모두 동질화되는 것을 걱정해본 적이 없는 이들에게 패스트푸드점의 햄버거와 콜라의 등장은 굉장한 놀라움이자 두려움이었던 모양입니다. 미각이라면 프랑스인들 못지않은 이탈리아인들이기에, 다른 것도 아닌 '음식'만은 철저히 그들의 것을 지켜내고 싶었을 것입니다. 결국 그 작은 마을에서 시작된 운동은 얼마 지나자 않아 세계 각국의 관심을 받게 되었고, 이제는 하나의 공통 슬로건으로 채택되어 오늘날 세계 각국에서 활발히 진행되고 있습니다. 사라져가는 전통음식을 지키고, 패스트푸드로부터 살아 있는 미각과 건강한 식습관을 지켜내자는 사람들의 마음. 정말 듣기만 해도 고개를 절로 끄덕이게 되는 참 좋은 일입니다.

넘쳐나는 정크푸드와 패스트푸드에 익숙해진 우리에게 슬로푸드라는 말은 참 향기롭게 다가옵니다. 인공 조미료를 가하지 않고, 사람의 손으로 시간에 구애받지 않으며 만든 음식. 천천히 음미해야 그 본연의 맛을 알 수 있고, 사람의 몸에 해가 없는 음식. 정말이지, 생활의 무게에 짓눌려 밥 먹는 시간마저 아까운 현대인들에게 슬로푸드는 일종의 '치유'로 다가옵니다. 새로운 이름의 질병들이 날마다 유행하고, 적잖은 사람들이 같은 이름의 질병으로 목숨을 잃는 요즘, 음식으로 삶을 구원한다는 말은 누구에게나 절실히 와 닿을

것입니다. 가장 기본적인 것들을 개선할 때 비로소 삶 전체의 질이 달라질 수 있음을 슬로푸드 운동에 동참해온 사람들은 잘 알고 있습니다.

음식이 건강과 떼려야 뗄 수 없다는 것을 모르는 이가 없을 겁니다. 요즘 같이 획일화된 도시의 음식들 속에서 우리는 한정된 풍미만을 전부인 줄 알고 사는 듯합니다. 겨우 맛있다, 맛없다, 이 정도의 판단으로 음식을 바라봅니다. 비록 전문가는 아닐지라도 어떤 음식을 먹으며 그것이 가진 특유의 향기와 그동안 혀가 느끼지 못했던 새로운 맛을 음미하며 행복해하는 여유를 우리는 잊고 살고 있습니다. 적어도 제가 사는 서울에는, 서울만의 음식이 없으니까요. 좋은 음식이 반드시 비싸고 흔하지 않은 음식을 말하는 건 아닐 겁니다. 좋은 음식은 그 값이나 희귀성과는 아무런 관계가 없다는 게 제 생각이거든요. 그건 유별난 미식가가 되자는 말과도 분명히 다릅니다. 저는 그저 특이하고 새로운 음식이 아닌, 익숙하면서도 자연스러운, 그러나 획일화된 도시의 음식문화 속에서 잊고 살던 향토의 풍미를 되새겨보자는 의미니까요.

시간과 함께 익어가는 음식들이 있습니다.
처음 슬로푸드 운동을 시작했던 이탈리아인들에게 '와인'이 대표적인 슬로푸드였듯이, 우리나라에도 각종 장醬과 막걸리, 김치 같은 발효 음식이 있습니다. 각 지방별로 오래오래 걸쳐 전해 내려오는, 사람의 손이 미치지 않고서는 만들 수 없는 자연음식 역시 슬로푸드라고 할 수 있겠죠. '웰빙'이라는 새로운 개념과 더불어 현대인의 귀를 솔깃하게 만든 슬로푸드. 사실 그건 전혀 새로운 게 아닙니다. 옛날부터 우리가 늘 먹어온 그대로의 음식입니다. 자연적인 음식. 우리의 미각과 건강, 행복을 보장해주던 전통적인 식생활이 바로 우리만의 슬로푸드일 겁니다.

다행히 그런 슬로푸드를 지켜내기 위해 오늘도 이 나라 곳곳에서 열심히 노력하는 사람들이 있습니다. 몇백 개가 되는 장독을 날마다 윤이 나게 닦으며 햇살의 높낮이에 따라, 바람의 세기에 따라 달라지는 장맛을 걱정하던 순창 할머니, 수백 개의 메주를 일일이 자기 손으로 빚고 말리며 장에 쓸 소금까지 직접 대나무 통으로 구워내던 전주의 한 아주머니, 오랜 시간 곤 엿을 하나하나 손으로 죽죽 뽑아내던 담양의 쌀엿 할머니, 단맛, 짠맛, 쓴맛을 내는 인공조미료 대신 직접 채소를 연구하고, 담그고 절여 만든 천연조미료로 깔끔한 밥상을 내어주던 어느 식당 아주머니, 대부분 귀찮다며 마다하는 친환경농법을 고수하며 농약 없이 채소들을 키워내기 위해 남보다 두 배는 더 부지런해야 한다며 논두렁에 앉아 보리밥을 푹푹 떠드시던 양수리 아저씨. 누가 알아주는 것도 아닌데, 왜 그렇게 까다롭게 일일이 신경 쓰시냐고 물어보니 하나같이 이런 대답을 하십니다.

이걸 먹는 사람들의 몸은 그 대답을 안다고.
그거면 되지 않겠느냐고.

유전자 조작 옥수수니 콩이니, 방부제를 먹인 닭이니 돼지니, 광우병이니 하는 이야기들을 들을 때마다, 어쩔 수 없이 3분이면 조리가 끝나는 인스턴트 음식을 전자레인지에 넣을 때마다, 햄버거 하나 물고 일에 몰두할 때마다 저는 이 슬로푸드라는 네 글자를 생각합니다. 제 몸에 결코 사라지지 않을 것 같은 습관성 위염과 툭하면 찾아오는 장염, 높아져만 가는 콜레스테롤 수치에서 언제쯤 벗어날 수 있을까요. 차가운 생오이 하나만 뚝뚝 잘라 먹어도 '아, 상쾌하다'란 말이 절로 나오는 몸인데, 우리는 늘 몸에 미안한 것들만 먹고 사는 것 같습니다. 몸도 마음도 모두 즐거운 식사, 획일화된 대중음식 문화 속에서 잃어버린 미각을 되찾고 싶은 마음. 그래서 더 늦기 전에 슬로

푸드 운동에 소심하게나마 동참해야겠다는 결심을 해봅니다. 과연, 얼마나 할 수 있을지는 장담할 수 없지만….

당신의 미각은 얼마나 많은 맛을 기억하고 있나요?
지금의 식습관으로 오래오래 건강할 자신이 있나요?

잠든 그대에게

누군가를 용서하고 싶으면 그 사람의 잠든 모습을 보라고 했다.

잠든 모습은 거짓말을 하지 않는다。
무방비 상태의 고요함. 생의 온갖 쓸쓸함을 껴안은 듯 측은하고 안쓰러운 얼굴. 가끔 보이는 배냇짓 같은 잠꼬대나 잠버릇을 보면 인간은 누구나 잠자는 순간 자기가 차고 나왔던 어미의 자궁으로 다시 들어가는 꿈을 꾸는 것 같다. 그렇게 한참을 바라보노라면 처음부터 나쁜 사람은 없다는 그 말을 믿을 수 있다. 순하디 순한, 착한 그 얼굴.
한밤중에 일어나 잠든 이의 얼굴을 들여다보며 땀에 말라붙은 머리칼을 넘겨주는 일. 그렇게 소리 없이 그 사람을 용서하는 일. 사랑은, 잠든 이의 모습을 바라보고, 상처받아온 것들을 조용히 용서하는 사이 완성되는 건 아닐지.

언젠가 당신도 잠든 나의 얼굴을 물끄러미 바라봐준 적이 있을까.
그렇게 소리 없이 나를 용서해준 적이 있을까.
오늘도 잠든 당신의 머리칼을 쓸어 넘겨주며 나는 그런 생각에 잠긴다.

만년 소녀

조르륵 공깃돌처럼 나란히 앉아 있는 아주머니들의 뒷모습.
같은 옷을 입혀 놓으면 누가 누군지 뒷모습만으로는 도무지 분간하기 힘들 것 같다. 같은 머리모양에 비슷한 옷차림, 영자야 미숙아, 하며 까르르 웃을 땐 꼭 같은 사람이 다섯 번 웃는 것 같다.
통영에서 매물도로 들어가는 페리. 야외 의자에 앉은 나는 아주머니들이 웃을 때마다 몰래몰래 같이 따라 웃고 있다. 듣기에도 재미있지만, 바라보기에도 즐거운 풍경이다. 철수 엄마, 영희 엄마는 없고, 오로지 영자와 미숙이만 있는 것 같다.

꼭 10년만이라는 걸 보니, 아마도 그녀들은 결혼과 동시에 조금은 멀어졌던 모양이다. 마음대로 상상해보자면 아마도 그녀들은 십대 후반, 그러니까 우리 엄마들이 늘상 가장 아름다웠다고 추억하는 시절인 '여고시절'의 동창들일 것이다. 여고시절, 매일 빳빳하게 다림질한 옷깃이 달린 교복을 입고, 손수건으로 손잡이를 둘러매 여성스러움을 강조한 가방을 들고, 하얀 양말을 반듯하게 접어 신고 통학버스를 함께 오르내리던 친구들이었을 것이다. 이십 대가 되어서도 변함없이 만났다 뜸했다를 반복하다 하나 둘 결혼해 고향을 떠나면서 그들은 결국 생활에 매진하느라, 친구를 돌아볼 겨를조차 없는 10년을 보냈을지도 모른다. 그렇게 미숙이와 영자를 잃어버리고, 철수 엄마와 영이 엄마로 살던 시간 속에서 친구들에 관한 기억은 가물거렸을 것이다. 그러던 어느 날, 품안의 자식들이 자신에게서 점점 멀어지고, 덜컥 비워진 마음 한구석을 더듬다가 그리움이란 단어를 발견했을 것이다. 어찌어찌 연락이 닿아 다시 함께 모였을 땐 너무나도 변해버린 모습에 눈시울이 시큰했겠지만, 그것도 잠시, 그들 사이에 사라진 10년의 이야기를 메꿔 나가느라 정신없이 웃고 떠들며 몇 시간을 훌쩍 흘려보냈을 것이다. 가끔 이렇게 만나 봄에는 매물도로 외도로 가는 배를 타고, 가을에는 설악산으로 내장산으로 떠나는 버스를 타면서. 그간 누구도 불러주지 않았던 자신의 이름들을 마음껏 듣고 또 불러주면서.

이렇듯 생각에 빠져 있는 내게 한 아주머니가 삶은 계란 하나를 건네주신다. 절반만 까서 하얀 속살이 반쯤 올라온 계란에는 하얀 소금이 솔솔 뿌려져 있다. 얼떨결에 받아들고는 맛있게 다 먹었다. 순식간에 계란 한 알을 해치우고 쩝쩝거리는 내게 마지막으로 종이컵에 사이다까지 따라주시던 아주머니가 얼굴을 빤히 쳐다보시며 묻는다.

: 친구 없어? 왜 혼자 다녀, 이렇게 좋은 데를.

: ……

나는 대답도 못하고 꾸역꾸역 사이다만 받아 마셨다. 그리고 생각했다. 아, 이렇게 좋은 곳은 친구와 함께 와야 되는 거구나. 가족도 아니고, 애인도 아닌 거구나. 그러니까, 저 나이가 되면 다시 소녀로 돌아가는 거구나, 싶었다. 다른 누구도 아닌 무엇이든 오로지 친구와 함께 나눌 때 가장 즐겁고 좋았던 소녀 시절 말이다.

언젠가 20년 후쯤, 내 곁엔 어떤 친구들이 함께 있을까를 생각해본다. 새로 생긴 인연일지, 아니면 여전히 남아 있는 인연일지, 벌써부터 그런 것들이

궁금하다. 함께 보낸 십 대의 우중충함이나, 이십 대의 불꽃같던 치기어림 같은 것들을 기억하고 있는 친구들이 그때의 내 곁에도 함께 있을까. 그때의 우리는, 어떤 모습이 되어 있을까. 그때 우리의 얼굴엔 각자 어떤 세월의 그림이 그려져 있을까. 그때도 우린 여전히 쓸쓸할까. 아니면 그제야 겨우 행복의 의미를 알며 살아가고 있을까.

작게나마 소망해본다. 부디 20년 후의 내 곁에 지금의 친구들이 함께 있어주기를. 내 안의 '소녀'를 기억하는 그 친구들만은 건강하고 어려움 없이 살아주기를, 부디 내 곁에 머물러주기를. 그렇게 민호야, 지아야, 부르며 소녀처럼 웃을 수 있기를.

어쩌다 오랫동안 소식이 끊긴다 해도 나 역시 매물도행 페리 위에서 만난 아주머니들처럼 그렇게 꼭 다시 조우해 배를 타고, 버스를 타고, 때론 비행기도 타며 그녀들과 함께 있고 싶다. 겉모습은, 또 각자 짊어지고 사는 환경은 세월 따라 변한다지만 분명, 세월도 데려가지 못하는 게 있을 것이다. 그게 바로 이 세상 모든 '만년 소녀'들의 마음이기 때문이다.

봄이 오면…

봄이 오면 허브 화분 몇 개를 사야겠다.
겨우내 냉풍만 불던 집에 따뜻한 바람이 불어 들어올 때 푸르게 흔들리는 잎사귀들을 보며 시원한 물줄기를 쏟아주는 한가로움을 즐기고 싶다. 쓰윽 쓰다듬으면 손끝에 남는 향기. 모든 허브들이 반가운 악수 대신 전하는 그 향기를 오래도록 맡고 싶다. 유난히 상큼한 애플민트 잎을 넣어 차를 만들어 마시는 일도 향기롭겠다. 겨우내 만나지 못했던 친구들을 불러, 내가 키운 허브 차 한 잔을 대접해 수다를 떠는 일도 잊어서는 안 되겠다.

봄이 오면 내 방 창문 밖으로 쏟아져 내리는 봄비 소리를 듣고 싶다.
아무런 소음 없는 집 안, 창문을 모두 열어놓고 비 내리는 소리를 음악처럼 들으며 잠시 낮잠에 빠져들고 싶다. 쏴아아 떨어지는 빗방울에 이리저리 기쁘게 휘청거리는 플라타너스 잎사귀를 보는 일도 즐겁겠다. 겨우내 얼어 있던 온몸이 녹는 소리를 들으며 간질간질해진 뿌리로 힘껏 물을 빨아올리는 나무들의 신나는 함성을 듣는 것도. 그렇게 비가 그치면 토이 카메라 하나 들고, 이리저리 물방울 맺힌 초록을 찍으러 산책을 나서면 좋겠다. 유리알처럼 눈부시게 맺힌 빗방울들을 렌즈에 담고 빗물 고인 웅덩이에 반사된 비 개인 하늘을 바라보는 일도 행복하겠다. 그렇게 찍은 사진들을 모아 '그 해의 첫 봄비'라는 이름을 붙인 앨범을 만들면 그것도 재미있겠다.

봄이 오면 집 안 곳곳을 쓸고 닦아야겠다.

겨우내 먼지 한 번 제대로 털어내지 못한 내 방 구석구석을 모두모두, 몰래 웅크리고 있는 겨울의 흔적들에게 안녕하며, 아쉬워하는 그것들의 뒷모습을 툭툭 쳐주며 멀리까지 배웅하는 것도 잊지 말아야겠다. 만약 마음이 내킨다면 방 구조를 이리저리 바꿔보려 유난을 떨어보는 것도 괜찮겠다. 아마 민트 빛 커튼도, 레몬 빛 식탁보도 탐나겠지.

봄이 오면 아끼는 책들에게 봄볕을 쬐어주어야겠다。
햇살 앞에서 휘리릭~ 겨우내 굳어 있던 책장들에게 봄을 숨 쉬게 해주면 좋겠다. 어딘가에 잘 살고 있을 그 책의 작가들에게 따뜻한 봄바람 한 번 선사하는 기분으로 하나하나 잘 닦아 다시 넣어두어야겠다.

봄이 오면 나는 좀 더 아름다워져야겠다。
아직 겨울을 벗어나지 못한 여자 같은 티가 나지 않게 나를 좀 괴롭혀야겠다. 오랫동안 가지 않은 미용실에도 가고, 보는 눈 좋은 친구 하나 곁에 끼고 예쁜 구두도 사러 명동을 걸어도 좋겠다. 회색과 베이지색, 검은색 따위인 옷장을 정리하고, 결국엔 자주 입지 않을 상큼한 빛깔의 옷 몇 벌을 굳이 사두는 일도 멈추지 말아야겠다. 그 옷들을 가끔 꺼내보며 입을까 말까를 고민하다 다시 옷장에 개어두는 일을 반복하는 것도 나쁘지는 않겠다. 거울을 좀 더 자주 보고, 웃는 연습을 많이 해야겠다. 봄처럼 웃는 법을 가르쳐줄 누군가가 있으면 좋겠지만, 없다면 나 혼자라도 열심히 입 꼬리를 올리며 스.마.일.하는 일도 즐거울지 모른다.

봄이 오면 나는 더욱 사랑해야 되겠다。
사랑하는 이의 손을 더욱 꼭 잡고, 맑으면 맑아서 흐리면 흐려서 바깥으로 나가야겠다. 추운 겨울, 우리는 너무 집에만 있었으니까. 서로의 발에 흙을 묻히고 이리저리 많이 움직이며 그렇게 조금 더 건강해져야겠다. 봄에 태어난 우리. 그렇게 우리는 봄처럼 사랑하고 봄처럼 따뜻하게 서로를 향해 조금 더 자주, 웃어야겠다.

봄이 오면 청산도에 가야겠다.

당리 마을 건너 봄의 왈츠가 한창인 그곳에 핀 유채꽃을 찍으러 나는 또 먼 길을 떠나야겠다. 그 노란 물결을 보며 하염없이 마음을 잃고 오래도록 그곳에 머물러야겠다. 한켠에 핀 청보리를 보는 일도 설레겠다. 푸르게 돋아난 청보리가 바람 따라 흔들거릴 땐 세상에 이런 좋은 소리도 있구나, 또 한번 감탄하며 허리 숙여 그것들에게 인사해야겠다. 아마도 멀리 다도해는 여전히 푸르를 것이고, 나는 손 흔들어 나만 조금 변했다, 고 인사할지도 모르겠다. 유봉과 송화가 '진도 아리랑'을 부르며 걸어 내려오던 그 길에서는 '진도 아리랑' 대신 남들 모르게 슬쩍 괜찮은 노래 하나 불러보는 일도 즐겁겠다. 눈먼 송화가 목청이 터져라 부르던 노랫가락이 그리울 땐, 그 집 마루에 앉아 잠시 쉬어가도 좋겠다. 그렇게 유채 한 다발을 꺾어 그때의 송화에게 전해주는 일도 멋지겠다.

그래,
봄이니까,
이런 마음의 사치도 괜찮을 거다.

봄이니까,
너무나 아름다운 봄이니까.

후유증

여행이 남기는 불치의 후유증은
여행의 기억이 채 끝나기도 전에
다시 어디론가 여행을 떠나고 싶게 만드는
설렘이다.

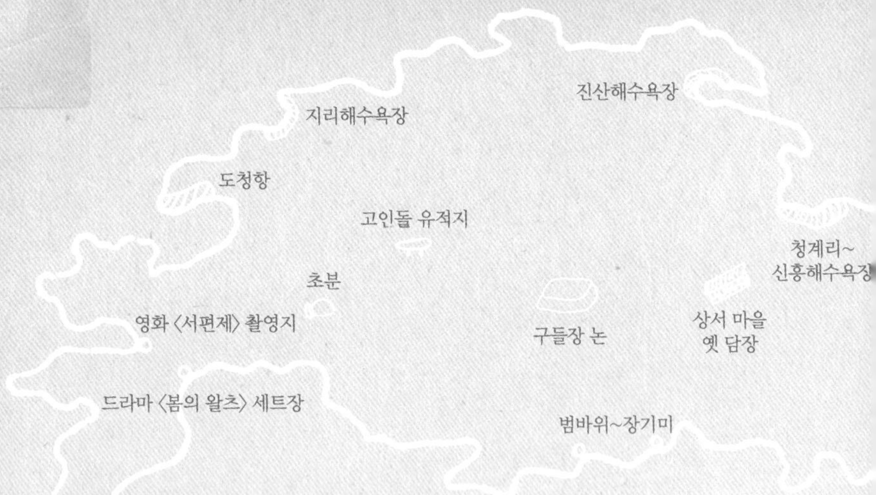

진산해수욕장

지리해수욕장

도청항

고인돌 유적지

청계리~
신흥해수욕장

초분

영화 〈서편제〉 촬영지

구들장 논

상서 마을
옛 담장

드라마 〈봄의 왈츠〉 세트장

범바위~장기미

? 청산도는 어떤 곳?

섬 전체가 그림 같이 아름다운 곳. 1896년 완도군에 편입되었고, 1981년 12월 23일 다도해 해상국립공원 지정, 2007년 4월 5일 '가고 싶은 섬' 시범 사업 선정에 이어 2007년 12월 1일 '슬로 시티' 인증을 받았다. 서울에서 과천을 잇는 거리에 해당하는 19킬로미터를 건너가면 육지와는 전혀 다른 낯선 느낌의 섬에 당도한다. 맑고 푸른 바다 위로 김과 다시마 양식장이 까맣게 수놓고 있다. 노란 유채와 푸른 보리가 물결치는 청산도의 봄은 여행을 안다는 이들이라면 필수 코스다. 2010년 4월 개방한, 20킬로미터에 달하는 청산도 슬로 길을 걷다보면 육지와 바다의 아름다움을 동시에 만끽할 수 있다. 돌담이 나오는가 하면 갈대밭이 나오고, 몽돌 해변을 거닐다 보면 서해에 온 듯한 갯벌에 당도하게 된다. 비록 젊은이도 없고, 가난한 섬이지만 외갓집에 온 것처럼 따뜻하고 푸근한 느낌으로 다가온다. 맑고 푸른 바다에서 전복, 해삼 농사를 짓고 살아가는 사람들, 구들장 논, 낮은 돌담, 고인돌, 그리고 옛날 어촌 마을의 장례 풍속인 풍장風葬 등 전통적인 농촌 문화의 자취가 그대로 남아 있는 섬을 거닐다 보면 자연스레 '느림의 미학'을 깨닫게 된다. 이 '느림'을 배경으로 영화 〈서편제〉와 드라마 〈봄의 왈츠〉가 만들어졌다.

청산도로 가는 길

승용차

서울 ▶ 경부고속도로 ▶ 호남고속도로 ▶ 광주 비아 IC ▶ 나주 ▶ 강진(또는 해남) ▶ 완도 ▶
서해안고속도로 ▶ 목포 ▶ 영암 ▶ 강진(해남) ▶ 완도
부산 ▶ 광주 또는 강진(해남) ▶ 완도

대중교통

서울 ▶ 완도 직행 고속버스(6시간 소요, 하루 4회 운행)
광주 ▶ 완도 직행 고속버스 ▶ 청산도(광주~완도 직행버스 10분 단위 운행)
서울 ▶ 광주 또는 목포행 기차 ▶ 완도 ▶ 청산도
부산 ▶ 완도 직행 고속버스(부산 서부시외버스터미널에서 완도 직행 고속버스 하루 5회 운행)

* 완도 여객터미널에서 청산 방면 차도선을 이용해 청산도까지 갈 수 있다. 하절기, 동절기마다 배편이 다르니 이용 전 반드시 문의해야 한다. 완도 여객터미널 T. 1544-1114

청산도의 명소

영화 〈서편제〉 촬영지 청산도 여행은 도청항에서 시작한다. 도청항에서 가파른 언덕길을 오르면 노랑과 파랑의, 서로 다른 색채의 물결이 여행자를 반겨주는 당리 마을이 나온다. 노랑은 유채요, 파랑은 마늘이다. 도청항에서 고개를 넘으면 당리 마을이 나오는데, 바로 이곳에 국내 최초로 관객 100만 명을 동원한 임권택 감독의 영화 〈서편제〉(1993) 촬영장이 있다. 초가집 마루에는 소리를 가르치는 아버지와 두 남매의 모습이 모형으로 만들어져 있다. 청산도 선창에 내려 오른쪽으로 15분 정도 걸으면 영화 속 유봉 일가가 '진도 아리랑' 가락에 맞춰 어깨춤을 추며 걸었던 돌담길(황톳길)이 나온다. 멀리 바다와 섬을 굽어보고, 마늘밭과 유채밭을 배경 삼아 돌담길을 걷노라면 임권택 감독이 왜 이곳에서 5분 40초간 롱테이크로 영화 속 명장면을 담았는지 절로 이해하게 된다.

범바위~장기미 청산도는 농촌과 어촌의 특성을 골고루 갖춘 특이한 곳이다. 대성산, 대봉산, 대선산, 고선산이 해안을 병풍처럼 둘러싸고 그 안으로 주민들이 바다를 매개 삼아 생계를 꾸려가는 지형 때문이다. 범바위는 '청산도 걷기'의 만남의 장소 같은 곳이다. 청산도를 걷기 위해서는 반드시 이곳을 지나야 한다. 하지만 그 과정이 생각보다 만만찮다. 권덕리에서 범바위를 오르는 20킬로미터의 길과 범바위를 내려가는 길의 가파름은 산책보다는 '산행'에 가깝다. 하지만 범바위에서 바라본 일몰은 다른 곳의 풍광을 압도하고도 남으며, 범바위에서 장기미로 내려가는 길은 계곡 소리와 파도 소리를 동시에 들을 수 있어 여행자의 마음 한 구석에 후회라는 단어를 절대로 용납하지 않는다.

청계리~신흥해수욕장 청산도에 가면 구들장 논이라는 특이한 논을 만날 수 있다. 한옥 온돌방의 구들장처럼 돌로 구들을 만들고, 그 위에 흙은 덮은 것이다. 섬이라는 지형적 특성상 농사를 지을 흙이 여유롭지 못해 한 줌의 흙마저 아껴가며 농사를 지어야 했던 섬사람들의 삶의 애환을 고스란히 간직한 곳이다. 검푸른 소나무를 잔뜩 이고 있는 대봉산 아래 원동리 마을에 구들장 논이 펼쳐져 있다. 이곳에서는 청산도가 섬이라는 사실을 잊을 만큼 바다 냄새와 파도 소리가 사라지고 그 자리를 전형적인 농촌 풍경이 채우고 있다. 바로 이곳에서 보리와 마늘, 그리고 벼농사가 사시사철 열매를 맺는다. 원동리의 너른 평야에서 보리와 마늘, 갈대의 푸르름을 만끽한 후에는 상서리로 방향을 잡고 발걸음을 재촉한다. 여기서부터 판석처럼 얇은 돌로 처마 끝까지 쌓은 담은 '집담'과 낮게 쌓아 아래 밭의 담이 위 밭을 지탱한 '밭담'이 여행자의 눈길을 사로잡는다.

드라마 〈봄의 왈츠〉 세트장 청산도를 찾는 사람들이 반드시 찾는 곳. 드라마가 끝난 후 오픈 세트장을 그대로 두어 관광객들의 발길이 끊이지 않는다. 유채꽃과 청보리의 물결이 유난히 아름다운 봄에 이곳을 찾으면 세상 그 누구도 부럽지 않다.

지리해수욕장 청산면의 대표적인 해수욕장. 우리나라에서 일몰이 가장 아름다운 해수욕장 중 하나로 꼽힌다. 앞으로는 1.2킬로미터에 달하는 백사장이, 뒤로는 200년 이상 된 500여 그루의 노송들이 빼곡히 들어선 노송 숲이 우거져 있어 야영을 하기에 좋다.
진산해수욕장 섬의 북동쪽 끝에 위치한 해수욕장. 모래사장이 아닌 동글동글한 갯돌로 이루어진 갯돌밭 해변이다. 사람이 많지 않아 홀로 혹은 연인끼리 조용히 바다를 즐기기에 좋다. 파도가 밀려올 때마다 갯돌들이 만들어내는 '차르르' 소리가 마음을 편안하게 만들어준다.
상서 마을 옛 담장 바람이 많은 섬에서만 볼 수 있는 담. 바람이 막힘없이 통과할 수 있도록 돌을 쌓아 만들었다. 돌담길 바닥에 제주 올레처럼 '슬로 길' 임을 표시해 두었지만, 보일 듯이 보이지 않는 길을 헤매다 잃어도 전혀 상관없는 낭만이 청산도 여행의 백미를 이룬다. 2006년 등록문화재 279호로 지정되었다.

청산도의 맛집

실비 식당 남도의 백반정식을 기대하는 당신을 위한 곳. 가격에 따라 반찬의 가짓수가 다르다(인당 1만 원이면 제법 만족스러운 식단을 맛볼 수 있다). 도청 항에서 100미터 정도 나가면 영진 철물이 나오는데 그 사이 골목길을 따라 들어가면 찾을 수 있다. T. 061.554.7775
아시나요 식당 청산도가 아닌 완도 항에 있는 맛집. 전복죽, 전복 비빔밥이 맛있다. 내비게이션 주소 검색(완도읍 군내리 310-58), T. 061.554.3049

청산도의 잘 곳

경일장 모텔 완도읍 도청리 T. 061.554.8672
서편제 민박 완도읍 도락리 T. 061.552.8665
도락리 민박 완도읍 도락리 T. 061.552.8873
그러나 섬 주민들의 정감 어린 이야기와 소박한 남도 가정 밥상을 만나고 싶다면 민박을 이용하는 게 좋다.

slow trip 3

담양

나는 나이다.

나 아닌 누군가가 내가 될 수는 없다. 그러니 살며 느끼는 나와 타자간의
간극이 쓸쓸한 건 너무도 당연한 것이다. 누군가에게 느끼는 서운함?
그것도 지극히 당연한 것이다. 누구라도, 결국 자기 자신만을 이해하며
살아가는 법이니까. 그러니 우리, 그 사이 때문에 골머리를 앓지 말기로
하자. 사람과 사람 사이, 그것의 일정한 간격을 아름답다고 이해하는
순간이 바로 우리 삶의 궁극이라는 걸 인정하기로 하자.
내가 마음을 준 누군가가 완벽한 내가 되지 못함을 슬퍼하지 말기로 하자.
우리는 결국 '사이'를 아름답게 바라보는 존재라는 걸,
언제나 같은 방향을 향해 걸어가는 존재라는 걸 받아들이기로 하자.

지도를 읽는 시간

버릇처럼 지도를 펼치는 친구가 있었다.

지도 보는 일이 우중충한 삶의 유일한 낙이었고 즐거움이라던 친구. 지도를 읽거나 보는 일에는 워낙 감이 없어, 보기만 해도 울렁증이 올라오는 나였지만 제일 좋아하는 친구가 늘 그러고 있으니 어쩔 수 없이 옆에 붙어 함께 지도를 보곤 했다.

2만5천분의 1 지도, 5만분의 1 지도, 세계지도, 대한민국 전도, 지방도로 지도, 남미지도, 유럽지도… 어린 시절 사회과부도에서나 만났던 골치 아픈 축척의 의미와 전국 도로들이 복잡한 그림처럼 나열되어 있는 지도를 보는 일이 내겐 참으로 난亂한 일이었다. 하지만 지성이면 감천이라던가. 지도를 향한 친구의 열성 덕분에 언제부턴가 나도 조금씩 지도에 관심이 가기 시작했다. 급기야 서점을 찾아 세계지도를 사들고 돌아와 내 방 한쪽에 붙여 두고 골똘히 쳐다보거나, 낯선 나라의 이름을 들으면 가장 먼저 지도를 찾아 위치를 찾아보게 되었다. 나도 모르는 사이에 친구의 취미가 나의 사소한 관심거리가 된 것이다.

이십 대 초반의 많은 밤, 나와 친구는 그녀의 공릉동 옥탑 자취방에 모여 침대에 배를 깔고 술잔을 기울이며 지도를 보곤 했다. 배경음악으로는 키린지나 미스터 칠드런 등 그녀를 통해 알게 된 일본 음악들이 흘러나왔다. 사실 나는 우리말로 옮겨 놓은 그 노래들의 가사를 보며 눈물을 흘리며 취한 마음으로 노래를 따라 부르는 게 좋았지만, 친구를 따라 지도를 보는 일도 나름 즐거웠다. 가끔 수리남이나 투발루, 짐바브웨 같은, 그때까지만 해도 들어본 적이 없던 낯선 나라를 가리키며 킥킥거리던 일도 괜찮은 기억으로 남아 있다.

: 근데, 너는 왜 지도가 좋아?

어느 날, 내가 물었을 때 그녀는 "글쎄, 그냥… 그냥 좋아"라고만 대답했다. 뭔가 거창한 이유가 있을 줄 알았던 나는 약간 김이 샜다. 그러나 얼마 되지 않아 밑도 끝도 없는 거창한 대답보다는 '이유 없음'이라는 이유가 더 근사하다는 생각이 들었다.

그냥 좋아.

그 대답 속에는 분명 어떤 장황한 이유들보다 더 많은 이야기들이 숨어 있는 것 같았다. 그때의 나와 친구도 그랬다. 아직 내게 말해줄 수 없는 그녀만의 비밀들이 저 지도 속에 숨어 있을 것 같았다. 내가 아끼는 친구가 지도상에 콕콕 박혀 있는 수백 개의 나라들보다 훨씬 더 많은 비밀들을 품고 있을 거라고 생각하자 지도 보는 취미에 푹 빠져 있는 그녀가 한결 근사해 보였다. 무엇보다 지도에 빠져 지내는 이십 대 초반의 여자는 결코 흔하지 않을 테니까 말이다.

방구석에 돌돌 말려 있는 갖가지 지도만큼이나 우리의 인생도 돌돌 말려 가고 있다는 생각에 한없이 막막하던 그 시절. 우리는 그 어지러움을 참아내기 위해 자꾸 술을 마셨고, 더 어지러워질 때마다 지도를 보며 "그래도 세계는 넓다"며 서로의 갑갑한 청춘을 위로했다. 하지만 이런 우리도 결국 대학을 나왔고, 나는 간간이 아이들에게 피아노를 가르치며 돈을 벌었고, 그녀는 졸업하자마자 이엿한 직장에 자리를 잡았다. 이른바 버는 수준이 달랐기 때문일까. 그때부터 술값은 나의 항의에도 불구하고 거의 그녀 차지였고, 감사하게도 그녀는 단 한 번도 나를 민망하게 만들지 않았다. "너, 돈을 왜 버는지 아니? 돈은 술 먹으라고 버는 거야"라는, 말도 안 되는 말로 늘 술값을 내는 자신을 정당화시키며 환한 웃음으로 나의 민망함을 가려주던 그녀를 위해 나는 가끔씩 그녀의 자취방을 찾아 여기저기 데굴거리며 굴러다니는 지도를 정리해주었고, 그녀가 아끼는 음악을 함께 좋아해주었다. 오직 그뿐이었다. 어린 날의 우리에게 필요했던 건, 술, 그리고 이야기를 나눌 수 있는 친구, 이 두 가지뿐이었다. 남자친구와 싸우고 돌아오는 날에는 취한 목소리로 "그런 놈은 케이프베르데 같은 곳에 던져버려"라며 남들이 들으면 뭔 소린가 싶은 지명을 내던지고는 혼자서 깔깔깔 웃던 친구. 나의 이십 대 초반은 그런 그녀와 함께 어지러운 봄날의 현기증처럼 멍하니, 그러나 너무도 향기롭게 흘러갔다.

하지만 살아간다는 무책임한 이유로 나와 그녀 사이의 왕래는 점점 뜸해졌고, 급기야 사이가 소원해져 연락이 끊긴 채 몇 년의 시간이 지나갔다. 그러던 어느 날, 이제는 별을 보는 취미를 가졌다며 그녀에게서 연락이 왔다. 그토록 지도에 심취해 있던 그녀였으니 오지 탐험가나 여행가 정도는 되어 있을 줄 알았는데 그 사이 그녀는 별을 보는 남자를 만나 함께 별을 보러 다니는 여자가 되어 있었다. 경북 예천이니 강원도 영월이니 하는 곳의 천문대를 돌아다니며 망원경으로 머나먼 우주를 바라보고 있다는 것이다. 자신의 소식을 알려온 그녀의 목소리는 이제 막 새롭게 폭발한 다큐멘터리 속 초신성처럼 밝았다. "언제 한번 같이 별 보러 가자"는 말을 끝으로 끊어진 전화를 붙잡고 나는 한참을 웃었다. 그래, 세계 곳곳을 눈으로 둘러보았으니 이제는 우주라는 거지? 과연 그녀다웠다. 그런 그녀가 좋았다.

이제는 지나가버린 빛나는 이십 대.
그녀 덕분에 사두었던 그 시절의 지도를 보며 나는 몇 번의 배낭을 꾸렸는지 모른다. 여행을 떠나고, 여행에서 돌아와 다음에 떠날 곳을 정하는 사이 내 지도는 많이 닳았다. 이제 나는 지도를 읽는 법도 조금은 알게 되었고, 그때의 그녀만큼은 아니지만 지도를 펼쳐놓고 세계의 이곳저곳, 혹은 한국의 이곳저곳을 살펴보는 걸 즐거워하는 여행자가 되었다. 어느 날, 또 한 번의 여행을 계획하며 지도를 훑어보며 나는 문득 이런 생각을 하게 되었다. 내가 무심코 지도에 손을 대고 훑어 내려가는 이곳 어딘가에도 사람들이 숨 쉬고 살아가고 있겠지, 그들도 나와 동일하게 꿈을 꾸고 사랑을 찾겠지, 때론 아파하며 때론 눈물 흘리며 누군가를 기다리고 있겠지, 지구 저편에도 해가 뜨고 달이 뜨고, 그렇게 누군가의 '삶'들이 차곡차곡 쌓여가고 있겠지, 라는 생각이 들었다. 지금 내가 지도에 손을 얹은 채 낯선 나라의 누군가를 생각하듯 그곳의 누군가도 지도를 펼쳐놓고 한국이라는 생경한 나라의 누군가를 떠올릴지도 모른다는 생각. 그러자 더 이상 외롭지 않게 되었다.

그래, 그 시절 그녀도 나와 같은 생각을 했는지 모른다. 그 시절의 그녀는 너무나 외로웠던 건지도 모른다. 외로워서 지도를 샀는지 모른다. 손가락으로 낯선 땅 이곳저곳을 짚어 가며 내가 모르는 어딘가에도 쓸쓸한 삶이 존재한다고 스스로를 위로했는지도 모른다.

다시 손가락을 펴고 우리나라 지도를 살핀다. 누군가는 호랑이 모양이라고 하고, 누군가는 힘없는 토끼 모양이라고 했던 우리나라 대한민국. 척추처럼 뻗어 있는 태백산맥을 지나 이 땅을 뼈대처럼 지키고 있는 백두대간의 힘찬 줄기를 훑어 내린다. 이윽고 혈류처럼 이곳저곳을 흐르는 푸른 수맥들을 눈에 담는다. 깨알처럼 꼭꼭 박혀 있는 수많은 지명들. 지금까지 가본 곳보다

가지 않은 곳이 더 많은 우리나라가 유럽보다 더 넓게 느껴진다. 서울을 지나 남쪽으로 내려오니 내가 자란 곳의 지명이 보인다. 갑자기 가슴 한켠이 아련해진다. 시원하게 뚫린 고속도로도 좋지만 지금 나는 구불구불한 지방도로를 타고 유년 시절 내가 떠나온 곳들을 찾아간다. 손가락이 움직일 때마다 예전의 추억들이 툭툭 지도 밖으로 튀어나온다. 준비 못한 만남에 눈물이 움찔 터져 나올 것도 같다. 지도를 읽는 시간이 가끔 추억을 되짚어보는 시간이 될 수도 있다는 걸, 예전에는 미처 몰랐다. 나에게 지도란 그저 미래의 떠남을 계획하는 데만 쓰는 건줄 알았으니까.

나는 마지막으로 그녀가 망원경을 통해 우주를 바라봤을 영월, 예천, 소백산 등을 찾는다. 이쯤 어디에서 그녀는 처음 우주를 만났을 것이고, 그러다 지금의 그를 만났겠지 생각하니 내 눈앞에 저 머나먼 우주가 보이는 듯하다. 그 시절 함께 지도를 읽던 그녀는 지금은 하늘의 별자리를 짚어가며 읽고 있겠지. 나는 내가 살고 있는 곳과 지금 그녀가 별을 보고 있을지도 모를 그곳의 사이를 재어 본다. 그리고 무작정, 가깝다고 생각해버린다. 한 장의 어여쁜 지도 안에서, 우리는 늘 가깝게 있다고. 그러니 세계지도를 보면 한 나라에 살고 있는 우리는 더욱 가깝게 있는 것이고, 먼 우주에서 보면 한 별에 살고 있는 우리는 모두 이웃하고 있는 것이라고. 그러니 앞으로는 너도 나도 부디 외롭지 말자고. 그런 생각이 들자 어느덧 그 시절의 그녀가 당장 내 옆에 서 있는 듯한 기분이 들었다. 조만간 그녀를 만나 함께 별을 보러 가야겠다. 그녀가 짚어주는 별자리를 들여다보고, 그녀의 사랑 이야기도 들어야겠다. 이제 내게 지도를 읽는 시간은 누군가와 소중한 대화를 나누는 즐거운 한때가 되었다. 조곤조곤한, 따뜻한, 두근두근한….

문득 사랑하는 이에게 괜찮은 지도 한 장을 선물하고 싶다.

북아메리카

평행 위의 동행

아무도 없는 철로 위를 걸어본 적이 있다.
더 이상 기차가 지나가지 않는 철로는 모두 녹이 슬었고, 마치 타고난 운명처럼 철로는 일정한 사이를 둔 채 서로를 마주보고 있었다. 더운 여름과 추운 겨울엔 한산하기 그지없는 곳, 그러나 봄이나 가을엔 가끔 이곳을 추억하는 이들의 발걸음이 이어지는 낡고 오래된 간이역이었다. 봄이 오면 철로 가에 피어난 벚꽃들이 눈송이처럼 흩날리고, 그 아래에는 이제 막 사랑을 시작한 연인들이 손을 잡고 사랑을 맹세하는 곳이었다. 이따금 아지랑이를 타고 신기루가 피어오르는 날엔 사람을 가득 싣고 철로 위를 달리는 기차의 모습이 환영처럼 비춰졌는데, 그건 아마도 제 할 일을 잃어버린 철로의 그리움이었을 것이다.

내가 아무도 없는 그 철로 위를 걸었던 것은 가을이 막 지나 초겨울에 접어들던 때였다. 아무런 목적 없이 떠나온 길이었으므로, 나는 보고 싶은 것만 보러 다녔다. 그날따라 기차가 다니지 않는 쓸쓸한 철길이 보고 싶었다. 수많은 사람들의 이야기를 싣고 달리는 기차를 배웅하던 철로의 기억을 어루만지고 싶었다. 간이역에 도착하자 역시나 사람은 없고, 텅 빈 작고 허름한 역사만이 나를 기다리고 있었다. 나는 한 발 한 발 주머니에 손을 꽂고 몇 걸음을 걷다 철로에 잠시 주저앉았다. 철로를 쓰다듬자 붉은 녹이 눈물처럼 묻어나왔다.

삶이 너무도 가팔라 도저히 매달릴 힘이 남아 있지 않은 누군가는 이 철로에 여러 번 머리를 베고 누웠을 것이다. 기차가 이 역을 통과해 달리던 시절, 그는 질주하는 기차에 목숨을 맡긴 채 이제 그만 생을 끝내자, 다짐했을지도 모른다. 그러다 멀리서 기적 소리가 울리면, 그 다짐을 잊어버린 채 철로에서 도망쳐 나왔을 것이다. 그렇게 매번 삶과 죽음을 반복하며 고민을 거듭했을 것이다. 언젠가 철로를 베고 누웠던 그가 깜빡 잠이 들어 영영 일어나지 못하게 되었을 때, 철로 위엔 붉은 녹 같은 그의 흔적이 뿔뿔이 흩어져 뿌려졌을지도 모른다. 그때 그의 몸을 밟고 지나간 기차엔, 작고 좁은 고향이 지겨워 더 먼 곳을 향해 짐을 이고 기차에 올랐던 어린 그녀들의 설렘이, 혹은 삶의 질곡에 질려버려 지친 어깨를 끌고 고향으로 돌아오던 중년 남자가 기차 난간을 붙잡고 피운 담배 한 개비의 여운이 남겨져 있었을지도 모른다. 그렇게 기차는 이 모양 저 모양의 삶을 싣고, 그렇게 철로는 그런 기차의 모습을 묵묵히 맞이하고 배웅했을 것이다. 결코 만날 수 없는, 아니 만나질 수 없는 것들의 '운명'을 생각했을 것이다.

절대 뒤를 돌아볼 수 없는,
그저 앞으로만 질주하는 것들의 운명에 대해.

철로의 레일과 레일 사이는 일정하다. 그것은 함께 있되 절대 하나 될 수 없는 생을 타고났다. 나와 나를 둘러싸고 있는 타인들의 모습처럼, 쓸쓸한 평행선의 삶을 가지고 태어나 한 세대를 묵묵히 마감하는 우리네 모습처럼, 그 사이를 인정하고, 극복해야만 하는 것이 우리의 운명이 가진 각자의 몫인 것처럼 그렇게 마주보고 있다. 그 엇갈린 아로새김은 내가 당신이 되지 못하고, 당신이 내가 되지는 못하지만, 그 사이의 간격을 사랑하고 이해하며 이런저런 삶의 이야기를 함께 이어가는 것과 같다. 그렇게 한평생 만들어낸 이야기들이 세월을 따라 묵묵히 익어가는 사이 우리는 이제 더 이상 할 일이 없는 시골 간이역의 녹슨 철로처럼 쓸쓸히 남는 것이다. 허나 비록 철로는 녹슬었지만 철로 주변에는 해마다 벚꽃이 피고 지는 법. 영원히 극복할 수 없을 듯한 평행선을 달리는 인간사에도 간간이 꽃은 피고 햇볕은 내리쬔다. 가족과 친구 사이에 맺어온 상하적인, 수평적인 모든 '사이'가 쓸쓸하지만, 가끔 꽃피는 웃음에 스르르 마음이 녹듯이 인간의 삶이란 결국 녹슬어가는 철로의 운명과 같을 것이다.

철로 위에서의 묵상은 계속된다. 이쪽 레일에 앉아 저쪽 레일을 바라보며, 더 멀어지지도, 더 가까워지지도 않는 '사이'라는 것을 생각한다. 그리고 결국 아름답다고 느끼기로 한다. 이 '사이'가 없다면 백 미터 달리기 하듯, 앞으로만 달려가는 삶 속에서 우리는 쉴 곳이 없어질지 모른다고 생각해본다. 이런 간격이 없다면, 조금 더 멀리서 당신을 바라볼 수 있는 기회가 없었을 거라고 생각해본다. 그렇게 서로를 아는 듯 모른 체하면서 지내왔을 거라고 생각해본다.

나는 나이다. 나 아닌 누군가가 내가 될 수는 없다. 그러니 살며 느끼는 나와 타자간의 간극이 쓸쓸한 건 너무도 당연한 것이다. 누군가에게 느끼는 서운함? 그것도 지극히 당연한 것이다. 누구라도, 결국 자기 자신만을 이해하며 살아가는 법이니까. 그러니 우리, 그 사이 때문에 오래 골머리를 앓지 말기로 하자. 사람과 사람 사이, 그것의 일정한 간격을 아름답다고 이해하는 순간이 바로 우리 삶의 궁극이라는 걸 인정하기로 하자. 내가 마음을 준 누군가가 완벽한 내가 되지 못함을 슬퍼하지 말기로 하자. 우리는 결국 '사이'를 아름답게 바라보는 존재라는 걸, 언제나 같은 방향을 향해 걸어가는 존재라는 걸 받아들이기로 하자.

이제 철로를 털고 일어난다. 눈물처럼 묻은 녹을 닦아내고, 군데군데 기름때가 켜켜이 묻은 자갈들을 바라본다. 이 길을 지난 수많은 사연들을 자신만의 기억으로 간직하고 있는 여기저기 모난 돌들을 응시한다. 이곳과 저곳 사이의 간격을 이겨내지 못한 채 결국 철길을 베고 눈을 감은 사람들과 여기와 저기 사이의 닿지 못하는 평행을 견딜 수 없어 이 길 위로 사랑하는 이를 떠나보낸 사람들의 모습이 보이는 듯하다.

사람은, 오롯이 혼자임을 인식하고 받아들이는 순간, 나 아닌 다른 누군가의 존재를 볼 수 있다고 한다. 모든 관계는 결국 그리움에서 출발한다는 것을 말하는 것이리라. 홀로 남은 내가 너를 그리워하고, 홀로 남은 네가 나를 그리워하며 우리는 모두 후진할 수 없는 기차처럼 앞으로 앞으로 질주하는 것이다. 결코 하나 될 수 없는 관계의 레일 위를 지나며….

그날, 그 철길 위에 홀로 앉아 나는 그런 막막한 것들에 대해 생각했다. 가을, 철로 위에 뚝뚝 떨어진 마른 낙엽들을 꾹꾹 눌러 밟으며 집으로 돌아가는 길. 나는 텅 빈 역사의 벽에 낙서 하나를 남겼다.

우리, 아름다운 평행 위에서 함께 동행하다, 라고.

그날의 날씨

#1. 맑음

맑음이 가진 색채는 푸름이다. 힘없이 축 처진, 모든 숨 쉬는 것들에게 깊이 숨을 들이 쉬게 만드는 그런 날씨다. 알게 모르게 온몸을 통해 울고 있는 우리에게 맑음은 숨어 있는 몸 안의 모든 눈물을 말릴 수 있는 좋은 하늘이다.

청산도에 머무는 동안 고맙게도 내가 만난 하늘은 내내 맑음이었다. 먼 길 찾아왔으니 푸른 바다 저 끝까지 탁하지 않게 보고 돌아가란 하늘의 배려였는지 한려수도의 바다 끝이 손에 닿을 것처럼 선명했다. 어부들은 걱정 없이 배를 띄울 수 있는 하늘이고, 어부의 아내들에겐 뱃일 나간 남편 걱정 덜 수 있어 좋은 하늘. 섬에서의 며칠 동안 나는 맑음과 섬의 어울림을 생각하며 참 고마워했다.

이렇게 맑은 날, 무얼 해야 하나。
숙소를 나와 어슬렁거리며 동네를 돌아다니던 맑디맑은 어느 날, 나는 민박집 주인아저씨의 자전거를 빌려 타고 어디든 가보기로 했다. 떠나기 전 마당에서 말린 다시마를 정리하시던 주인아저씨에게 물었다. 아저씨, 어디가 좋을까요? 방패처럼 커다란 다시마를 껴안은 아저씨는 망설임 없이 대답해주셨다.

: 파도에 자갈 굴러가는 소리 들어봤는가? 아주 아름답지. 날씨도 맑으니까 파도도 딱 좋을 거야.

: 거기가 어딘데요?

: 저 넘어 진산해수욕장.

: 자주 가세요?

: 아, 가끔 가지. 그 소리가 마음 깊이 생각날 때가 있거든.

나는 곧바로 자전거를 타고 진산해수욕장으로 향했다. 그곳에 가면 파도가 칠 때마다 자갈들이 서로 제 몸을 부대끼며 소리를 낸다고 했다. 몇 시간을 들어도 계속 듣고 싶은 소리라고 했다. 도시에는 없는 소리니, 마음속에 잘 담아 가져가라고 했다.

그곳으로 가는 길 내내 맘이 설렜다.
얼마쯤 갔을까. 눈앞에 넓은 해안가에 몽글몽글 모여 있는 자갈밭이 보였다(나중에 지도에서 찾아보니 그곳이 진산리 갯돌밭이었다). 자전거를 대충 세워두고 해변으로 뛰어 내려갔다. 아무도 없는 바다. 오랜 시간을 파도에 씻기며 타고난 모남을 둥글게 잊어버린 갯돌들이 바지런히 파도를 기다리고 있었다. 그중 하나를 골라 들고 자리를 잡았다. 그렇게 바다를 향해 앉아 맑은 하늘 아래 귀를 여는 순간, 그 소리가 들려왔다. 솨아~ 차르르르~.

그 순간 느낀 마음의 울림을 뭐라고 설명해야 좋을지 모르겠다. 처음, 내 어머니의 산도産道를 타고 내려와 세상에 머리를 내놓던 순간, 무너져 내린 지난 생의 소리였는지, 스무 살, 나에게 등 돌려 떠나가던 그의 뒷모습에 깨져버린 내 마음의 소리였는지 모를 울림이었다. 몸의 기억인지 마음의 기억인지 모를 것들이 한꺼번에 쏟아져 내리는 기분. 나는 몇 시간이고 그렇게 그곳에 앉아 있었다. 솨아~ 차르르르~. 반복되는 소리는 과연 아저씨의 말처럼 몇 시간을 들어도 지루하지 않았다. 맑은 하늘 아래 바다는 선명했고, 빛을 받은 파도는 눈물처럼 빛났다. 매끄럽게 다듬어진 갯돌 위에 나는 그렇게 나를 잠시 내려놓았다. 가능하다면 이리저리 모난 내 못난 마음도 둥글게 둥글게 잘 다듬어지면 좋겠다 싶었다. 자리를 털고 일어서며 나는 동그랗고 예쁜 몇 개의 갯돌을 주머니에 넣었다. 삶이 이리저리 깎이고 각이 져 마음을 찌를 때 가끔 꺼내보자는 생각에서였다. 이렇게 저렇게 구르다 보면 언젠가는 둥글게 빚어지는 게 생이고 삶이라는 걸 기억하고 싶었다. 그렇게 한나절 바다에 귀를 기울이다 보니 민박집 아저씨가 가끔 이곳을 찾는 이유를, 마음 깊이 이 소리를 찾을 수밖에 없는 그 '가끔'의 심정을 조금은 알 것도 같았다.

해가 뉘엿뉘엿 넘어갈 때쯤 자전거를 끌고 다시 민박집으로 돌아왔다. 주머니에 잔뜩 넣어온 동그란 갯돌들을 꺼내어 놓고 먼 곳에 사는 친구에게 편지를 썼다. 내륙 지방에 사는지라, 큰 맘 먹지 않은 이상 바다를 보기 힘든 내 오랜 친구. '둥글둥글하게 살자 친구야. 애써 모내지 말고 가시를 키우지도 말자. 처음에는 모났을 이 돌들도 오랜 시간 바다의 채찍을 맞고 제살들을 부딪치며 둥그레졌듯이 우리도 이 돌들처럼 이렇게 부대끼다 보면 언젠가 동그란 마음만 남겠지. 그러니 시간을 믿자, 친구야'라고 내 마음을 적어 보냈다.

#2. 흐림

욕지도에서 만난 어부 아저씨는 바다가 무섭다고 했다.

바다에서 태어나 바다가 주는 녹을 받아먹고 살면서 바다를 무서워하다니 말도 안 된다며 웃는 내게, 아저씨는 흐린 날의 바다는 사람을 잡아먹는 바다, 라며 웃었다. 그런 흐린 날에도 배를 띄워야 하는 게 뱃사람의 타고난 운명이라고 했다. 흐린 날의 바다는 사람에게 들어오라고 손짓하는 바다이고,

그곳에 들어가 생을 마감한 사람들의 손짓이 환영으로 물결치는 바다, 라는 시詩 같기도, 무서운 이야기 같기도 한 말을 덧붙이면서도 어부의 손은 쉬지 않고 그물을 이었다. 여기저기 얽히고 뜯긴 그물을 손질하며 살아왔을 그의 생이 그 복잡한 그물처럼 어지러이 삶의 바다 한가운데를 흐르는 듯 보였다. 배를 탄지 어언 30년, 그러나 여전히 바다가 무섭다는 그. 아직도 흔들리는 배 위에서의 멀미를 참을 수 없다는 그. 문득 바닷바람에 그을린 그의 메마른 얼굴이 짠하게 느껴졌다. 얼마나 많은 그물이 끊어지고 이어져야 바지런히 생을 마치고 바다를 향해 편안히 눈을 감을 수 있을까, 라는 생각에 나도 모르게 머리를 조아렸다.

얼마쯤 지났을까. 끊임없이 움직이며 그물을 손질하던 그의 머리 위로 검은 먹장구름이 씌워졌다. 아저씨 비올 거 같아요. 참견 많은 강아지마냥 재잘거리는 내게, 그는 말없이 고개만 끄덕였다. 해마다 제祭를 올리고 용왕님께 두 손을 쓸며 빌어도, 오랜 친구를, 좋아하던 인연들을 야속하게 삼켜버린 바다를 그는 영원히 편안해할 수 없는 듯했다. 그물을 손질하고, 밤이 내리면 바다로 나가야 한다며, 그는 자리를 털고 일어섰다. 그에게 물었다. 아저씨, 비 오는데도 바다에 나가세요? 그가 웃으며 나에게 되묻는다. 아가씨는 비 온다고 회사 안 가나. 사람은 필히 성실해야 살제. 멀어지는 그의 머리 위로 빗방울이 하나 둘씩 떨어지기 시작했다.

그날 나는 온종일 우산을 펼쳐들고 비 내리는 욕지도 선착장에 앉아 있었다. 문득 저 멀리, 나에게 손짓하는 그리움의 그림자를 본 듯도 했다. 거절하지 못하면 나도 모르는 사이에 스스로 걸어 들어갈 것 같은 그 손짓. 검푸른 바다. 흐렸던 그날의 바다는 너무 쓸쓸하고 외로워, 그렇게 사람을, 누군가의 마음을 부르고 있었다. 굽이치는 파도 위에 배를 띄워야하는 어부에게도, 생의 이곳저곳을 부표처럼 떠다니는 나에게도, 위험한 바다였다.

#3. 비온 뒤 갬

오랜 달리기 끝에 마시는 한 잔의 물이 달디 달듯이, 밝음이 어둠 속에서 더 빛을 발하듯이, 탁하고 흐린 후에야 비로소 선명히 가슴을 때리는 것들이 있다. 잘 알고 있다 믿었던 것들에 대해 내가 가져왔던 오만과 편견을 여과 없이 들킨 시간. 흐리지 않았다면, 탁하지 않았다면 몰랐을 깨끗하고 선명한 것들의 시간. 그 시간 속에는 오랜 감기 끝에 창문을 열어 맞이하는 차가운 공기 같은 선명함이 깃들어 있다.

담양을 찾던 날 폭우가 쏟아졌다. 떠나는 날 새벽부터 내린 빗줄기는 점점 굵어지더니, 도착하기 전에는 최고조에 이르렀다. 약간 겁이 날 정도의 양이었기에, 자동차도 나도 조심조심 길을 타야 했다. 어떻게든 기어가면 도착하긴 하겠지, 하는 심정으로 느릿느릿. 그러다 결국 어느 도로 한 구석에 차를 세우고 말았다. 앞이 제대로 보이지 않은 차창과 함께 흐릿해진 마음에 졸음이 쏟아졌기 때문이었다. 일단 이곳에서 자자. 자고 일어나면 뭔가 달라져있겠지, 하는 심정으로 눈을 감았다. 밀려오는 정적. 그러자 달리고 있을 때에는 듣지 못했던 소리가 들려왔다. 차창을 때리는 빗소리. 똑똑똑. 자동차 지붕을 쉼 없이 노크하듯 떨어지는 빗소리. 내게 다가오는 누군가에게 순식간에 마음의 빗장을 풀어헤치고 훌쩍 마음을 건네고 싶을 만큼 평화로운 소리. 얼마나 지났을까. 빗소리도 노크 소리도 모두 그친 시간. 차 문을 열고 밖으로 나가보니, 아까와는 전혀 다른 풍경이 펼쳐져 있었다. 풍경이 보석가루를 뿌려놓은 듯 반짝반짝 빛났다. 모두 빗방울이 내려앉은 자리였다. 켜켜이 쌓여 있

던 티끌을 닦아내고, 뿌연 공기 속의 먼지를 말끔히 쓸어내려간 빗줄기의 뒷모습. 투명하게, 한결 밝아진 세상이 아주 맑게, 나를 보며 웃고 있었다. 그렇게 풍경에 심취해 있는 내게 길 건너편에서 누군가 손짓했다. 차를 세우고 밖으로 나와 쉼 호흡을 하던 젊은 부부였다.

: 저 무지개를 배경으로 사진 좀 찍어주세요.

카메라를 건네는 남자의 얼굴에 활기가 넘쳤다. 그가 가리키는 방향을 바라보니, 정말 무지개가 떴다. 내장산 자락 어딘가에 활처럼 걸쳐진 무지개. 그 깜찍한 빛의 산란에 가슴이 쿵쾅거렸다. 얼떨결에 그들에게 사진기를 건네받고 나는 우물쭈물 사진을 찍어주었다. 그런데 찍고 나서 액정을 살펴보니, 무지개는 없고 사람만 있었다.

: 사진에 무지개가 잘 안 나오네요.

자세히 보아야만 알 수 있는 사진 속 무지개가 안타까워 나는 카메라를 건네며 미안해했다. 괜찮아요. 우리만 기억하면 되죠 뭐, 부부는 찍은 사진을 확인도 하지 않은 채 나에게 웃으며 말했다. 잘 나와도 그만, 못 나와도 그만, 다만 그 자리에 있었다는 것만 기억하면 그만이라는 듯. 다시 차로 돌아와 나도 무지개를 배경으로 사진을 찍었다. 역시나, 무지개는 나오지 않았다. 그러나 뭐 어떠랴. 나만 기억하면 그만인 것을. 내가 알고 있으면 그만인 것을. 어차피 보이지 않은 저 너머의 무지개를 기다리며 사는 게 인생인 것을. 비가 흠뻑 내리고 갠 그날. 나만이 기억하고 있는 그 하늘의 무지개 아래에서 나는 여전히 웃고 있다. 나만이 기억하는 그날의 나로. 내 가슴속에는 여전히 선명한 일곱 빛깔의 아름다움을 기억하며.

돌담길, 추억

돌담길, 하면 떠오르는 몇 개의 이미지들이 있다.
가을과 겨울 사이, 하얀 입김, 너와 나, 그리고 어느 날 돌담을 쓸며 지나가던 순간 느껴지던 손끝의 까슬한 감촉. 현대적으로 지어진 매끈한 콘크리트 담에서는 느낄 수 없는 소박함과 정감 가는 허술함 때문에 돌담길에 대한 나의 기억은 언제나 아련하고 따스하다.

아시아 최초의 슬로 시티로 지정된 담양군 창평면의 삼지천 마을.
슬로 시티답게 마을은 고요하되 음산하지 않고, 느리되 게으르지 않았다. 보이지 않은 곳에서 분주히 삶을 움직이는 사람들이 있었고, 아직 손때 묻지 않은 과거의 시간들이 현실 속에 고이 보존되어 있었다. 사람이 없는가 싶으면 저쪽 담 너머에서 누군가 고개를 빼끔히 내밀었고, 사람이 좀 있다 싶으면 사방에 정적이 흐르는, 무척이나 소소하고 착실한 느낌을 주는 마을이었다.

마을 입구에 들어선 순간, 마을 시작부터 끝까지 굽이굽이 둘러쳐진 토석 담길이 반갑고도 따스하다. 돌로만 이루어진 완전한 돌담이 아니라, 흙과 돌을 한 줄씩 번갈아 가며 쌓아놓은 모양이 낯설고도 익숙하다. 비뚤비뚤 일정하지 않은 모습이 왠지 정이 가고 반가워 담 여기저기를 만져본다. 틈틈이 끼어 있는 이끼며, 그 틈을 비집고 자라난 들꽃이며, 담을 타고 내려온 호박넝쿨 모두가 돌담의 한 부분이다. 빈틈없는 도시의 벽에서는 있을 수 없는 모습이다.

창평쌀엿

이 집과 저 집의 담 모양이 모두 다른 도시 풍경과 달리, 시작부터 끝까지 쭉 변함없이 이어진 토담 길은 그야말로 이웃이 곧 가족인 시골 사람들의 마음과 닮은 듯하다. 담이라기보다 길과 집 사이의 작은 경계 같은 느낌을 안겨주는 삼지천 마을의 돌담은 높이도 딱 중간이다. 누군가 작정하면 훔쳐볼 수 있고, 그냥 지나치면 볼 수 없는, 담을 지나는 사람의 마음에 따라 이리저리 변할 수 있는 높지도 낮지도 않은 담이 마음에 든다. 안과 밖의 넘을 수 없는 경계가 아닌, 언제든 들고 날 수 있는 친근함이 그 속에 있다. 그 토석담 너머로는 창평의 전통 쌀엿과 한과를 파는 집과 1510년경부터 집성촌을 이룬 창평 고씨의 고택들이 옹기종기 모여 있다. 빠끔히 문을 열고 두리번거려도 누구 하나 경계하는 사람이 없다. 어쩌다 마주친 집 주인 할머니는 '볼 것도 없는데 왔느냐'며 오히려 겸연쩍게 웃으시며 일면식도 없는 내게 쌀엿 몇 개를 건네주신다.

흙과 함께 살아가는 사람들은 흙을 닮는다.
이렇게도 빚어지고 저렇게도 빚어지다 결국 흙에서 다시 흙으로 돌아가는 것을 아는 사람들. 그들에게 양손에 꼭 쥔 채 놓지 않는 욕심은 보이지 않는다. 아니, 흙을 닮은 그들은 무언가를 나눠주지 못해 안달인 사람들이다. 잠시 스쳐도 인연, 내 집 대문을 무턱대고 열고 들어와 두리번거려도 인연, 담장 너머로 얼굴만 슬쩍 비추다 눈을 마주쳐도 인연이라고 생각하는 사람들이다. 어디서 왔느냐고, 잠시 쉬었다 가라고, 볼 것도 없는데 먼 길은 왜 왔느냐고… 삭막한 도시에서 잠시 눈이라도 쉬어볼까 찾은 이기적인 타지 사람에게 그들은 경계 없는 토석 담 같은 웃음으로 손을 내민다. 이제 어느 정도 관광객들의 발길이 빈번해졌을 텐데, 그래서 가끔은 귀찮기도 하련만, 내가 만난 그네들은 적적하고 볼 것 없는 시골 풍경을 보기 위해 먼 길을 와주어 고맙다며 웃어 보인다.

지금 내 앞에 놓인 돌담 하나하나에는 시간과 함께 흘러온 수많은 사연들이 숨어 있을 것이다. 이 돌담에 기대어 놀며 어린 시절을 보낸 사람들, 돌담을 까치발 디뎌 넘으며 사랑을 시작한 사람들, 돌담 넘어 애지중지 키운 자식들을 타지로 떠나 보내고, 돌담 너머 기웃거리며 때가 되어도 찾지 않는 자식들을 기다려온 사람들이 있었을 것이다. 비록 지금은 고요하고 잔잔하지만, 이곳도 과거 한때는 북적이는 사람들로 돌담도 사람도 모두 들떠 있던 시절이 있었을 거라 생각하니 마음 한켠에 슬쩍 찬바람이 불어 들어온다.

하지만 담양 삼지천, 사방이 너무 고요하다 싶은 마을의 돌담길 산책은 결코 외롭지만은 않았다. 간간이 만난 소박한 주민들의 모습과 어디선가 들려오는 낮은 텔레비전 소리가 내 벗이 되어 주었다. 마을을 천천히 돌아보고 다음 장소로 이동하려는 찰나, 아까 쌀엿을 쥐어주신 할머니께서 나를 보며 크게 소리치신다.

: 또 와!

그 한마디에 다섯 시간 남짓 떨어진 우리 사이의 거리가 허물어져 내린다. 나는 대답할 수가 없어 손만 계속 흔든다. 마음먹지 않은 한 쉽사리 올 수 없는 이곳을 뒤로하고, 나는 할머니의 "또 와!"라는 한마디를 가슴속에 가득 안고 돌아선다. 누군가 같은 땅 아래서 언제든 나를 기다리겠다는 말을 한 것 같아 울컥, 눈물이 솟는다.

집으로 돌아오는 길, 너와 내 마음 사이에도 이런 야트막한 돌담길 하나쯤 있으면 좋겠다고 생각했다. 높은 벽은 애초에 만들지 않기로 했지만, 그래도 이런 따뜻한 흙냄새 나는 돌담 하나쯤 사이에 두고 함께 거닐면 좋지 않을까

하는 생각이 든다. 그렇게 서로를 가끔 넘겨보고, 가끔 숨고 싶을 땐 높은 벽 저 건너편이 아닌 야트막한 돌담 아래 숨는 사이. 그래서 서로가 서로를 걱정할 필요가 없는 사이. 언제든 돌담 아래서 서로를 기다리고, 그곳에 함께 기대 내일을 기다리는 사이. 어떤가. 그럼 참 따뜻하지 않을까?

참 좋은 사람들

#1. 별로 볼 것도 없는데…

담양 창평면을 찾아 가던 날, 나는 여지없이 길을 헤맸다.

매번 길을 잃으면서도, 또 매번 대충 두루뭉실하게 이 정도 알면 되겠지, 하는 마음으로 왔다가 길을 잃는다. 삼지천 마을을 찾아야 하는데, 내비게이션의 낭랑한 음성을 따라 가도 도무지 길이 나오지 않는다. 같은 길을 몇 번이나 다시 만나기를 반복한 끝에 그냥 묻기로 한다. 그런데 어떻게 된 일인지 아무리 기다려도 지나는 사람 하나 없다. 하필 사람이 뜸한 오후 시간이다. 문 닫은 식당들이 절반이고, 돌아다니는 사람은 별로 없는 그런 시간. 모두들 나른한 풍경을 핑계 삼아 하늘 조각 하나씩 머리에 베고 낮잠에 빠져들 그런 시간.

때마침 아저씨 한 분이 지나가신다. 나는 차를 세우고 아저씨를 불러 세운다. 평범한 농부의 차림에 땅만 바라보며 살다 그리 되었는지 허리가 땅을 향해 슬쩍 굽은 아저씨. 눈가엔 자잘한 주름이 그동안 터트려온 미소만큼이나 겹겹이 새겨져 있는 아저씨. 얼핏 보아도 고생 모르고 자란 서울내기 같았을 내 모습을 보며 아저씨는 잠시 멈칫하시더니 우물쭈물 다가오신다.

: 삼지천 마을 고씨 고택촌이 어딘지 아세요?

: 어디?

: 고씨 한옥촌이요. 한옥들 많은데요.

아저씨는 한참을 갸우뚱하시더니 “아, 거기 말하는가 보네”라며 이렇게 저렇게 열심히 설명해주신다. 몇 번이고 되풀이, 혹여나 이 어정쩡한 표정의 서울내기가 이상한 길로 다시 빠질까 염려스러웠던지 얘기하고, 또 확인하신다. 그런데, 그렇게 열심히 설명해주시곤, 괜히 민망하다는 듯 끝에 한마디를 덧붙이신다.

: 아, 거기 별로 볼 것도 없는데. 그거 보려고 먼 길을 왔나, 심심할 텐데… 진짜 볼게 없는데…

어쩔 줄 몰라 하는 아저씨를 보자, 나는 삼지천 마을이 더 궁금해졌다. ‘별로 볼 것 없는’ 그 조용조용한 마을이 벌써부터 좋아지기 시작했다. 같은 지역 사람들조차 애써 떠올리지 않으면 알지 못하는, 유난스럽지 않게 그곳에 자리하고 있을 마을이 보기도 전에 마음에 들었다.

예상치 않았던 무언가가 마음에 털썩, 자리하는 순간은 참 짧고도 짧다.
그걸 누군가는 ‘사랑’이라고 부르기도 하지 않던가.

#2. 밥이 아주 맛있어, 밥이…

주말 오후, 설렁설렁 차를 몰고 흘러내려온 남쪽.
여기저기 들르고 싶은 곳은 다 들르고, 마지막으로 통영에 들러 하룻밤 머물고 오려던 계획이었는데, 너무 설렁설렁했던 탓인지 중간쯤에 이미 해가 지고 말았다. 이름 모를 마을에 들러 떨어진 감을 주워 먹고, 제사 준비가 한창인 집 마당에서 빈대떡도 얻어먹고, 옹기종기 모여 있는 동네 강아지들을 사진에 담는 사이 해는 어느덧 산중턱으로 꾸역꾸역 넘어가고 있다.

조금 더 차를 몰면 시골 읍내 정도 되는 곳이 나올 것도 같고, 그렇게 찾아 들어가면 몸을 재울 모텔 같은 곳이라도 있겠거니 하는 생각이 들지만, 요리조리 찾아보면 이 마을에도 왠지 나 하나쯤 재워줄 민박집 정도는 있을 거란 생각이 마음을 붙잡는다. 동네 슈퍼에 들러 커피 하나를 사서 평상 위에 걸터앉아 마신다. 때마침 아주머니 한 분이 지나가신다. 온 세상 추위를 혼자 다 껴안은 듯 커다란 몸빼바지에 솜털 조끼를 꼭꼭 껴입고 온몸을 웅숭거리며 가게로 들어가신다. 나는 아주머니가 나오기를 기다렸다. 왠지 그 아주머니라면 나에게 맞는 민박집을 알고 있을 것 같은 기분이 들었다.

: 아주머니, 근처에 민박집 있어요?

대뜸 민박집이 있느냐고 질문하는, 낯선 곳에서 온 젊은 처자의 모습이 우스웠는지 아주머니는 슬쩍 웃으며 "있다"고 짧게 대답하셨다. "어딘데요?" 여전히 눈을 말똥말똥 뜬 채로 묻는 내게 아주머니는 대뜸 "우리 집이 민박을 하는데 갈 테냐"고 물으셨다. 이게 농인지 진담인지 알 수 없는 나는, 커피를 마시다 말고 아주머니의 헐렁한 바짓단을 빤히 바라만 본다. 그렇게 망설이는 내게 아주머니는 마지막 결정타를 날리신다.

: 밥이 아주 맛있어. 밥이….

아주머니의 말은 사실이었다. 그날 밤, 나는 세상에서 가장 맛있는 밥상을 받았다. 몇 개 안 되는 반찬에 된장찌개가 전부였지만, 밥을 두 공기나 비울 정도로 참 맛이 좋았다. 어린 시절, 부뚜막에 앉아 오래오래 불을 지피며 손주들을 위해 친히 지어주신 외할머니의 밥상, 바로 그 맛이었다. 마음으로 지은 밥, 내 식구라는 생각으로 지은 따뜻한 밥. 허했던 마음이 꾹꾹 채워지

는 기분. 참, 고마웠다. 지금 내게 필요한건 다른 무엇도 아닌, 나를 위해 차려진 정성 담긴 따뜻한 밥 한 끼라는 사실을 아주머니는 알고 계셨나 보다. 그렇게 밥을 뚝뚝 해치우고 따뜻한 방에 벌렁 누워버린 내게 아주머니는 숭늉 한 사발을 더 들이미신다. 그렇게 따뜻한 숭늉까지 얻어먹고 나는 너무나 편안하게 밤을 보냈다. 무슨 사연이라도 있어 떠나온 걸로 아셨는지, 아주머니는 이런저런 질문은 일절 꺼내지 않으신다.
다음 날, 다시 길을 나서는 내게 아주머니는 "밥 생각나면 또 와!"라며 손을 흔드신다. 이곳이 어디인지 또렷하게 기억하지도 못할 거면서 나는 '알았다'고 고개를 끄덕였다. 다음에, 어딘가를 설렁설렁 여행하다가, 해가 지고 갈 곳이 없어지면 그때 다시 만날 수 있기를 바라며.

#3. 여기는 나쁜 사람이 없어요

보림사에 가던 날, 비가 내렸다.
와이퍼로 연신 차 유리를 문질러가며 엉금엉금 찾아가는 길. 자칫 한 걸음이라도 잘못 디뎠다간 풀어진 마음이 어디론가 둥둥 흘러 떠내려갈 것 같은 날. 먹장구름에 가려진 하늘 아래 모든 풍경이 평소보다 낮은 채도로 묵묵히 내리는 비를 받고 서 있는 날. 그 풍경을 바라보노라니 내 기분도 덩달아 축 처지는 것 같아 가다 서고를 반복하며 여행이 더디게 흐르던 날이었다. 초행길에 비까지 내려 조심조심 길을 읽으며 가던 차에 문득 지도가 있으면 좋겠다 싶어 유치면사무소 앞에 차를 세웠다. 비는 보슬보슬 내리고, 인적은 없고, 면사무소도 쉬는 날인지 문이 굳게 닫혀 있었다. 어떡해야 하나 싶어 어슬렁거리니 바로 옆에 경찰서가 있다. 휴일이라고 문 닫는 곳은 아닐 테니 경찰서에서 이런저런 정보를 얻을까, 하는 생각으로 경찰서를 찾았다. 그런데 경찰서도 닫혀 있다. 어떡하지. 잠시 순찰을 나간 걸 수도 있겠다 싶어 문 앞에 달린 인터폰을 눌렀다. 조금 신호가 가더니, 누군가 전화를 받았다.

: 네, 지구대입니다.

: 저, 지나는 길에 지도 좀 얻을 수 있을까 해서요. 그런데 안에 아무도 안 계시네요.

: 아, 지도요? 지도는 면사무소에서 받으시면 되는데.

: 면사무소도 문을 닫아서요.

: 아….

경찰 아저씨의 난처한 얼굴이 인터폰 건너편에 그려졌다. 경찰서에 없는 이 아저씨는 어디에서 무얼 하고 있었던 걸까. 잠시, 어리둥절해 하는 내게 던져진 한 마디.

: 여기는 나쁜 사람이 없어요. 그래서 경찰서에 항시 있을 필요가 없어서 지금 나와 있어요.

: 아, 그러시구나. 그럼 됐어요. 수고하세요.

: 정말 미안합니다. 경찰서에도 마땅한 지도가 없어서….

서운해야 하는데, 조금 화도 나야 하는데, 웃음이 나왔다. 불 꺼진 경찰서를 처음 본 까닭이기도 하지만, 인터폰 건너 들려오던 경찰 아저씨의 말이 하도 뜻밖이어서 그랬는지 기분이 좋아졌다. 나쁜 사람이 없어서라…. 그렇다면 나쁜 사람을 잡으러 다녀야 할 경찰 아저씨는 이 착한 마을에서 무슨 재미로 사는 걸까. 이 천국 같은 마을에서…. 문득 이 마을 사람 한 명 한 명을 모두 만나보고 싶었다. 나쁜 사람 하나 없(다)는 이 마을에서 지난 죄 모두 속죄받고, 그들 틈에서 한없이 착한 사람으로 거듭나고 싶었다. 오늘은 누구를 괴롭힐까 전전긍긍하며 사람이 사람을 쫓으러 다닐 필요가 없는 이 착한 마을에서 살고 싶었다.

言忘於教海
空空跡絶於義天
太虛猶是一浮漚

寂 大
天子臨軒論土廣
帛諸侯次第投

그렇게 미친 사람처럼 피실피실 웃으며 다시 보림사로 향했다. 뜨끈해진 마음이 든든했다. 보림사에 다다르면, 부처님 앞에 양심 없는 극락왕생 대신, 부디 현세에서 더욱 착한 마음으로 거듭 태어나게 해달라고 빌어야겠다는 생각으로 발걸음을 내딛었다.

대숲에 외치다

고개를 들어 그 끝을 헤아려본다.
끝없이 솟아 오른 대줄기 끝에 얇고 작은 잎들이 가득 피어 있다. 잎 사이사이로 삐죽삐죽 겨우 비춰든 햇살. 그 얕은 태양의 작란에 눈이 시려 온다. 문득 눈앞이 흐릿해지고 머릿속이 하얘질 무렵, 나는 기우뚱한 몸을 다잡고 다시 앞을 본다. 쏴아~ 바람이 분다. 순간 하늘 가득 뻗은 댓잎들이 일제히 아우성을 친다. 자신들만이 알고 있는 비밀을 털어내느라 제각기 온몸에 힘을 주어 내는 소리다. 텅 빈 대줄기 속에 가득가득 담아온 사람들의 오랜 비밀 얘기다.

어린 시절 내 머리를 오랫동안 갸웃거리게 한 이야기가 있다.
일생 동안 가슴속에만 담아둔 왕의 비밀을 죽기 직전 대나무 숲에 털어내고 죽어버린 두건장이의 이야기. 어느 날, 임금님의 귀가 당나귀 귀처럼 크고 길다는 사실을 알아버린 두건장이는 임금님의 어명에도 불구하고 답답한 마음을 숨길 수 없어 대숲에 구덩이를 파고 "임금님 귀는 당나귀 귀"라고 외쳤다는 모두가 아는 이야기. 두건장이가 죽고 얼마 지나지 않아 대숲에서는 바람이 불 때마다 '임금님 귀는 당나귀 귀' 하는 소리가 들렸고, 그 소식을 들은 왕이 대숲을 모두 잘라버렸다는 이야기가 어린 내겐 슬프기 짝이 없었다. 왜였는지는 모르지만 그 시절 나는 임금님도 두건장이도 모두 처량하게 느껴졌다.

왜 하필 대나무 숲이었을까. 두건장이는 대나무 숲이 비밀을 지켜줄 거라고 믿었던 걸까. 그는 바람이 불 때마다 자신의 목소리가 여기저기로 퍼져 나갈 줄은 상상하지 못했을 것이다. 어린 시절, 나는 당나귀 귀를 가진 왕보다, 왕의 비밀을 대숲에 쏟아버린 두건장이보다, 그 대나무 숲이 얄미워 속이 상했던 것 같다. 너만 아니면, 다 몰랐을 텐데….

세월이 흘러 혼자서는 도저히 배겨나지 못할 비밀들이 내 몸 구석구석 가득가득 차올랐을 때 나는 '너'라는 대나무 숲을 찾았다. 내 모든 비밀을 영원히 지켜주겠다고 약속한 것도 아닌데, 나는 내 마음대로 너에게 모든 걸 털어 내놓고는 나 혼자 가뿐해했다. 그렇게 남들이 알기 전에 푸르디 푸른 너의 가슴 속에 내 비밀들을 모조리 풀어놓았다. 그건 이 세상에 너와 나만이 아는 이야기가 가득하길 바랐던 철없음이었다. 가만히 서 있어도 슬며시 다가와 흔들어대는 것이 바람이라는 것을, 세상이라는 것을, 그땐 몰랐다. 그 많은 이야기들을 혼자서 감싸 안느라 얼마나 힘들었을까, 너는. 자꾸만 불어오는 바람에 그 마음을 어쩌지 못하고, 다 털어내면서도 얼마나 겁이 났을까, 너는.

몸도 마음도 다 커버린 어느 날,
세상 무엇도 비밀이 될 수 없다는 걸 몸소 깨달은 후에야
나는 바람이 불 때마다 홀로 울어야 했던
대나무 숲의 심정을 이해할 수 있었다.

대나무 숲은 바람을 핑계 삼아 그렇게라도 울어야 했을 것이다. 언제나 떠밀려 받기만 했던 세상의 비밀들을 그렇게라도 털어야 했을 것이다.

곧고 높은 왕대가 가득한 담양의 대나무 숲。

발에 채인 대나무의 굵고 구불거리는 뿌리를 보니 문득 마음이 짠하다. 저렇게 곧게 뻗어나가느라, 뿌리는 이렇게 굽이굽이 굽은 걸까. 텅 비어 있는 속을 가지고 어디 한 군데 휘지 않고 위로만 뻗어가려다 보니, 저 아래 뿌리는 땅을 뚫고 제 힘든 속내를 저렇게 드러내는 것 같았다. 마치 나를 알아달라고, 이렇게 곧게만 사는 게 때론 너무나 힘들다고, 대나무는 그렇게 얘기하는 듯했다.

댓잎에 가려 해가 들지 않는 습윤한 숲속에서 나는 바람을 기다린다. 쏴아~ 바람이 불어오자 일제히 숲이 흔들린다. 텅 빈 대나무 속을 가득 채우고 있던 이야기들이 하늘 위로 날아오른다. 그 안에는 오래전 임금님 귀가 당나귀 귀였음을 토해낸 두건장이의 답답함만큼이나 홀로 앓아온 수많은 사람들의 한숨이 들어 있다. 잠시 또 한 번의 바람을 기다리며 나는 내 속의 비밀 하나를 대숲에게 털어 놓는다.

참 미안했다고, 그땐 내가 너무 어렸다고.
그 시절의 너에게, 이제 어른이 되어버린 너에게.

비록 이제는 모두 잊힌 이야기가 되었지만, 부는 바람에 쉽게 흩어질 이야기라면 이제라도 털어 놓는 게 나을 것 같다는 생각이 든다. 바람이 분다. 털어 놓은 내 마음이 푸른 댓잎 사이사이로 사뿐사뿐 날아간다.

쓸쓸한 수다

목청껏 내 이야기를 떠들어대고 난 뒤, 온몸에 힘이 빠지는 때가 있다. 누군가를 앞에 앉혀 놓고서, 아침부터 새벽까지 이야기하고 싶었는데, 막상 속내를 다 털어놓으니 내가 종잇장처럼 얇아진 기분이 들 때가 있다. 그렇게 하면 가뿐해질 줄 알았는데, 오히려 무거워지는 마음. 순식간에 내가 모두 사라진 듯한 기분. 무언가 내 안에서 허락도 없이 도망친 것처럼 외롭지 않기 위해 '나'를 보여주었는데 '외롭다'는 말이 절로 나오는 순간. 대체 뭐가 잘못된 걸까.

처음부터 털어놓아서는 안 될 이야기인 걸까. 살며 당하는 이런저런 서운한 마음쯤이야 이제 혼자서 삭혀도 될 나이인 걸까. 박수를 치고 맞장구를 치며 큰소리로 함께 웃으며 술잔을 기울여주던 친구를 뒤로하고 집으로 돌아온다. 나를 기다리고 있던 방바닥에 납작 엎드린다. 초침이 흐르는 소리가 천천히 새벽을 넘어온다. 그렇게 얇디얇은 내 가슴이 너무도 허해 밤을 꼬박 설치고 나면 다음 날까지도 허무한 가슴은 나아지지 않는다. 말하지 말았어야 할 비밀을 세상에 통설해버린 것 같은 기분. 지독한 감기를 앓는 일보다 더 독한 그 고통의 시간.

하고픈 말이 목 끝까지 차오를 무렵이면 사람을 만나는 대신 꽃을 사는 사람이 있다. 답답해도 꽃을 사고, 심심해도 꽃을 사고, 그리워도 꽃을 사고, 화가 머리끝까지 올라 누군가에게 시비를 걸고 싶을 때도 꽃을 사는 사람…. 맨얼굴에 추리닝을 대충 차려입고 양재동에 나가 이런저런 꽃 한 다발을 사서 뚝뚝 잘라 화병에 꽂고 나면 하고 싶던 말도, 해야 할 말도 모두 다 잊게 된다는 그녀. 꽃을 사고, 손질하며 꽃에게 말을 걸고 신경질 내고 달래기도 한다는 그녀는 가끔은 그 말이 꽃에게 하는 건지, 자신에게 하는 건지 헷갈린다며 웃어 보였다. 꽃이 고개를 끄덕여주는 것도 아닌데, 꽃이 내 말을 알아듣는 것도 아닌데 그녀는 마치 그런 것 같다고 말했다. 꽃 앞에 서라면 그 어떤 사람 앞에서보다 솔직해진다는 그녀의 이야기, 반드시 대답이 돌아와야 대화가 되는 건 아니냐고 묻는 그녀에게 난 꽃대를 자르며 이렇게 대답했다.

: 그러기엔 너무 외롭잖아. 사람이 아니면….

이상하다. 시간이 흐를수록 자꾸만 수다가 쓸쓸해진다.
자꾸만 내가 좁아지는 기분을 어쩔 수 없다.

자신이 뱉은 말에 스스로 상처받는 사람들.
나이 먹을수록 말을 아끼고 제 속으로 삼키다,
결국 제 말을 잃게 되는 사람들.

꽃을 사고, 화분을 사들이고, 산을 찾고, 먹지도 않을 물고기를 온종일 건져 올리고, 돌아오지 않는 대답을 알면서도 그것들에게 말을 걸고, 탈진할 정도로 운동에 몰두하고… 사람들은 그렇게 제 할 말을 묵묵히 삭혀내고 있다. 아마도 그건 내가 뱉어낸 말이 칼이 되어 다시 내게로 돌아온 수많은 경험 속에서, 스스로 터득한 조금은 쓸쓸한 생존법인지 모른다.

늘 그렇지만 타인에게 만족할 만큼의 위로를 받는 건 생각보다 어려운 일이다. 돌아보면, 타인으로부터 위로로 내 삶이 지탱되었건만, 매번 어렵다는 생각을 지울 수 없다. 오고 가는 대화가 많아질수록, 누구나 외로워지는 법일까. 그 수많은 대화 속에 결국 '너와 나'는 빠져 있다는 생각이 드는 순간, 혹은 '나'를 다 풀어 보여주었는데 정작 '너'는 보이지 않는 순간, 도대체 사람들은 어떻게 그 허무를 극복하는 걸까.

나는 늘 그런 것들이 궁금했다. 그러면서도 나는 오늘도 이 사람 저 사람 붙들고 수다를 떤다. 그리곤 씁쓸해한다. 수다 없이 살 자신은 없지만, 사람 없이 살 자신은 더더욱 없기 때문에.

사람으로 산다

'사람'이라는 말은 많은 걸 생각하게 한다.
사람 때문에 사람이 사는 걸 보며 마음이 녹고, 사람 때문에 사람이 죽는 걸 보며 마음이 굳는다. 나도 똑같은 사람이기에 치가 떨릴 때도 있고, 내가 그들과 똑같은 사람이기에 한없이 마음이 놓일 때도 있다. 그곳이 내 자리가 아닌 줄도 모르고 내내 허방을 짚으며 넘어질 때마다 내 곁엔 사람들이 있었고, 기대도 좋은가 싶어 손을 내민 곳이 허공일 때 믿었던 사람들은 떠나고 없었다.

사람으로 넘어지고 사람으로 일어서는 인생.

삶의 순환고리처럼 기대하고 무너지는 인연. 그러나 그 속에서 내가 여전히 믿는 게 있으니, 그건 바로 사람의 따뜻한 심장. 뜨겁게 피가 도는 마음을 가진 사람들의 진심. 먼저 내주지 않으면 돌아오지 않는 게 사람의 마음이고, 먼저 내어주어도 돌아오지 않을 수도 있는 게 사람의 마음이라지만 내겐 아무래도 좋을 일이었다. 대책 없이 사랑하고 마음을 주고, 돌아오는 것이 없어 빈 가슴을 칠 때에도 다음에는 아니겠지, 하면 그만이었다. 그리고 나는 여전히 믿고 있다. 사람에게 다쳐도 결국 그 상처를 치유하는 길은 사람에게 있다는 것, 그 '가끔'의 기적으로 이 세상은 여전히 따뜻하게 유지되고 있다는 걸 믿고 있다.

관방제림官防堤林(조선 인조 26년[1648], 부사府使 성이성成以性이 수해를 막기 위해 제방을 축조하고 나무를 심기 시작했으며, 그 후 철종 5년[1854]에 부사 황종림黃鍾林이 다시 이 제방을 축조하면서 그 위에 숲을 조성한 것이 지금까지 전해지고 있다)에서 자전거를 타고, 메타세쿼이아Metasequoia 길까지 가던 날 지갑을 잃어버렸다. 자전거를 잠시 세워두고 앉은 벤치. 푸른 풍경에 취해 오랜만의 나무 냄새에 취해 정신을 놓고 있다가 지갑을 그대로 둔 채 다시 자전거에 올라탄 것이다. 지갑이 제대로 있나 확인하려던 것이 지갑을 그냥 두고 오는 일로 커진 것이었다. 자전거를 끌고 한창 푸르른 메타세쿼이아 길까지 시원하게 달렸다가 자전거를 반납하기 위해 돌아온 후에야 지갑이 없어진 걸 알았다. 이게 어디로 간 거지, 생각하며 시계를 봤을 땐 이미 자전거를 탄지 두 시간이 지나 있었다. 어디를 가서 찾든 이미 사라지고 남을 시간. 반쯤 포기한 마음으로 천천히 걸어 다시 관방제림으로 향했다. 있으면 내 것이고 없으면 내 것이 아닌 거지, 생각했지만 사실 없으면 어쩌나 두근대는 가슴에 무척 힘들었다. 집에는 어떻게 가야 할까, 분실한 카드 도난신고는 지금 미리 해놓아야 하는 걸까, 별별 생각이 머릿속을 오갔다. 왜 하필 이렇게 아름다운 곳에서 이렇게 실망스런 기억을 만들어야 하는 건지. 그렇게 걸어가는 동안 내 마음은 '이미 없어졌겠지' 쪽으로 기울고 있었다. 얼마쯤 걸었을까. 저 멀리 아까 앉아 있던 벤치가 보였다. 언뜻 보니 한 여자가 혼자 앉아 있었다. 천천히 다가갔다. 도착해보니… 그 여자가 내 지갑을 두 손에 꼭 쥐고 있었다.

내 오묘한 표정을 보며 이미 알아챈 건지, 여자는 내게 지갑을 건네주며 웃었다. 잠시 쉬려고 앉았는데 지갑이 있기에 자기가 갖고 있었다고 했다. 언제 돌아올 줄 알고, 그리고 안 올 수도 있는데 무작정 기다렸느냐고 물으니 벤치에 앉아 저 풍경을 바라보니 지갑을 놓고 간 사람도 분명 이곳을 지나가다 아름다운 풍경에 마음을 놓치고 지갑까지 놓치고 갔구나, 라는 생각이 절로 들더란다. 혹시나 해서 지갑을 열어봤다고 했다. 주민등록증을 보니 서울 사람이어서, 꼭 되돌려줘야겠다는 생각이 들었다고 했다. 너무도 따뜻해 보이는 그녀의 얼굴을 보며 눈물이 핑 돌았다. 지갑을 되찾은 안도감이었을까, 사람에게 받은 친절이 너무 오랜만이기 때문일까, 자꾸만 얼굴이 달아올랐다. 얼른 얼굴을 고치고 꾸벅 인사를 전했다. 전주에 사는 여자, 정도로만 자기를 소개한 그녀는 나에게 지갑을 돌려주고 '영산강 줄기가 참 예뻐요. 좋은 여행하세요'라는 말만 남긴 채 다시 혼자만의 길을 청했다. 그녀의 손에 쥐어져 있던, 다시 내 품에 돌아온 지갑이 유난히 따뜻했다.
그렇게 뒤돌아가는 그녀를 물끄러미 바라보다가 다시 그녀에게로 뛰어갔다. 당장 무언가 주고 싶은데, 정작 줄게 없었다. 지갑을 열어보니 나오는 건 명함 뿐. 나는 대책 없이 그녀에게 내 명함을 건넸다.

: 언제 서울에 오시면 꼭 연락주세요. 커피라도 한 잔 사드릴게요.

내 말에 그녀는 '제가 서울에 갈 일이 있을까 모르겠네요'라며 웃었다. 나도 웃었다. 또 한 번 사람을, 따뜻한 사람의 심장을 믿을 수밖에 없는 순간이었다.

사람은 무엇에 기대어 사는 걸까.
사람이라는 두 글자를 놓고 고민하던 나는 이런 결론을 낸다.

사람은, 사람으로 산다고.

끊기고 모난 삶의 구석구석에 다리를 놓는 것도 사람이고, 그 다리를 건너 다른 누군가의 마음에 풍덩 온몸을 던지는 것도 사람이고, 그 다리를 모조리 허물어 저 혼자 삶의 안쪽으로 밀려들어가는 것도 사람이라고. 그러니 일단 믿어야 하지 않겠는가. 이렇게 가끔 일어나는 따뜻함의 기적으로 우리네 긴 생이 유지되는 거라면, 사람장사가 결코 밑지는 일은 아닐 테니까 말이다. 그러니까 사람이 사람으로 산다는 건 별다른 게 아니라 이런 게 아닐까 싶다. 언제 나를 찾아올지 모르는 사람에게 따뜻한 커피 한 잔을 대접해줄 생각으로 오랫동안 마음이 이리저리 들뜨는 것.

아직도 그녀의 지갑에는 내 명함이 들어 있을까.
언젠가 그녀와 함께 앉아 따뜻한 커피 한 잔을 나눌 날이 오게 될까.
부디 그랬으면 한다.

세상의 모든 미소

알록달록한 펌(퍼머) 롤을 미용사에게 건네주는 할머니의 표정이 마치 앳된 소녀 같다. 매번 같은 펌을 해온지 20년이 넘었지만, 할머니는 때마다 이번엔 더 예쁘게 해달라고 주문을 하신다. 집에 계신 할아버지에게 예쁘게 보여야 하기 때문이란다. 뽀글뽀글 완성된 머리를 붙들고 할머니는 한참 거울과 씨름하신다. 사방에서 보아도 같은 모양의 머리를 앞으로도 보고 뒷거울로도 보고 옆으로도 보신다.

: 할아버지가 좋아하시겠네.

동네 아주머니들의 놀림에 할머니 얼굴에 웃음꽃이 핀다. 아직도 남편 앞에서의 아름다움을 고민하는 예순 일곱 할머니의 그 수줍음이 아름답다.

평생을 선착장 근처에서 굴 손질을 해온 아주머니의 두 손은 사계절 내내 여기저기가 툭툭 터져 있다. 장갑을 끼어도 손 틈새를 뚫고 들어오는 바닷바람은 이겨낼 수 없다고 아주머니는 계면쩍게 웃으신다. 지금까지의 세상을 이겨내며 살아온 것 같은 아주머니의 얼굴이 쉬이 잊힐 것 같지 않다. 몇 점의 굴을 얻어먹고 아주머니의 손등에 핸드크림을 짜드린다. 이게 뭐야 하시면서도, 내민 손을 거절하지 않는다. 바다와 함께 지내온 세월만큼이나 턱턱 갈라진 손 구석구석 스며드는 핸드크림의 냄새를 자꾸만 킁킁 맡아보시는 아주머니. 그렇게 오랫동안 두 손을 들여다 보시더니 오늘은 그만 일을 접어야겠다며 일어선다. 부드러워진 손등 때문에 일하기 싫어지셨다면서. 그 얼굴이 너무 쓸쓸하고 아름다워서 가슴이 찡하다. 손질을 마친 한 봉지 굴을 쓱 건네주시며 아주머니가 자리를 정리하신다. 원래 이쯤에서 일어서려 했다고 말씀하시지만, 그 순간 아주머니의 마음속에서 새록새록 생겨난 생각을 나는 읽을 수 없다. 이리저리 분주한 아주머니의 장화 옆에 몰래 핸드크림을 세워두고 시장을 도망치듯 빠져나온다. 저 멀리서 나를 부르는 소리가 들렸지만, 나는 뒤도 돌아보지 않고 손만 흔들었다. 제멋대로 툭툭 갈라진 바다 여자의 투박한 손, 그 정직한 상처는 분명 너무나 아름다웠다.

해 질 녘 물 빠진 서해안 갯벌 위로 꼬막으로 가득한 고무대야를 밀며 돌아오는 아주머니. 꼬막을 판돈으로 오늘 저녁 군대에서 휴가 나온 아들에게 줄 고기를 살 거라며 내내 웃는다. 벌써부터 아들 생각에 가슴이 뛰는지, 상기된 목소리가 저 멀리 뱃고동 소리만큼이나 크다. 저렇게 많은 꼬막을 팔아서 살 수 있는 고기는 얼마쯤일까. 순간 빨간 고무대야를 끌어안은 아주머니의 품이 저 바다보다도 넓어 보인다. 저 바다보다도 아름다워 보인다.

흑백사진 속 외할머니는 고구마 밭에 쓸쓸히 앉아 담배 한 대를 태우고 계신다. 오래 전, 그곳을 지나가던 유명 사진작가가 할머니 몰래 찍어 선물한 작품이다. 흙 묻은 호미 옆으로 툭툭 털어낸 담뱃재가 이리저리 흩날려 있다. 시골 땅 이곳저곳에서 얼마나 많은 한숨을 뱉어냈던 것일까, 우리 할머니는. 땅위를 잔뜩 구르고 있는 담뱃재가 왠지 서럽다. 섶 사이로 슬쩍 드러난 축 늘어진 젖가슴과 고목처럼 메마른 손등과 발바닥. 내 어머니를 낳아 기르시고 한평생 흙에서 살다 흙으로 돌아가신 우리 착한 외할머니. 할 일도 잊은 채 사진을 한참 들여다본다. 주름진 우리 할머니의 얼굴이 너무도 아름답다.

매주 토요일 새벽, 을지로와 서울역, 종각으로 국과 밥을 끓여 나르는 그녀. 100인분의 밥을 하고 국을 끓이며 오래 전 겨울 길에서 숨을 놓은 남편을 생각한다. 삶을 잃은 사람들이 판자로 집을 지어 잠을 자고, 신문을 덮어 겨울을 나는 지하보도. 뜨거운 국과 밥을 퍼주며, 그녀는 자꾸만 그들 어딘가에 남편이 있는 것 같아 자주 가슴이 내려앉는단다. 오늘까지만 나오리라, 오늘까지만 밥을 지으리라, 이젠 남편을 잊으리라 생각한 게 벌써 10년. 뽀얀 김이 가득한 100인분 국을 담은 냄비 앞에서 오늘도 그녀는 울며 웃으며 밥을 푸고 국을 끓인다. 머릿수건 아래 드러난 그녀의 빼빼 마른 민낯이 너무도 아름답다.

얼마 전 아프리카에서 돌아온 그녀. 4년 만에 나타난 그녀의 몸은 어느 곳 하나 성한 곳이 없었다. 머리 감는 물마저 아까워 긴 머리를 고민 없이 잘라냈다는 그녀는 마치 깡마른 사내 아이 같았다. 가난한 아이들에게 하나님의 말씀을 전하고 그들과 함께 이런저런 병을 얻고 낫기를 반복하는 동안 그녀의 몸은 여러 번 다시 태어났다고 했다. 눈앞에 차려진 소박한 백반정식을 놓고 한참을 기도하는 그녀. 먹을 것만 보면 그곳에 있는 아이들이 생각나 자꾸만 눈물이 난다며 그녀는 수저를 뜨는 내내 눈물을 훔쳤다.
그날 밤, 한 번도 본 적 없는 아프리카의 아이들을 위해 나는 오래오래 기도했다. 다시 짐을 싸던 날, 언제 돌아올 거냐는 내 질문에 그녀는 그냥 웃기만 했다. 왠지 아주 오랫동안 돌아오지 않을 것 같은 느낌이 들었다. 선물 대신 그곳에서 꼭 필요하다는 이런저런 약들을 챙겨주며 나는 꼭 너만 먹으라고 했다. 그녀는 대답은 않고 또 웃기만 했다. 그 미소가 너무 아름다워 나는 빨리 다시 돌아오란 말도 못했다. 아프리카 아이들의 티 없이 커다란 눈망울이 그 안에 있었다.

언제든
반가운

고요했다. 인적이 없는 마당 한가운데엔 사람의 손이 한참 닿지 않은 장독이 뽀얀 먼지를 뒤집어쓴 채 놓여 있었다. 좁은 담벼락 틈을 뚫고 들꽃이 만개했고, 때 이른 잠자리 떼가 자주 놀러왔다. 그곳은, 사람이 아니면, 바람이 쉬어가는 곳인 듯했다. 이제는 가끔의 인적만이 닿을 뿐 그렇게 바람이 불어와 저기 먼 곳에서 들은 이야기들을 대청 한가운데 후루루 풀어두고 다시 제 갈 길을 떠나는 듯했다. 바람이 부는 소리만이 종종 이야기처럼 숨소리처럼 들려왔다. 당장에 어디선가 하하, 호호 소담스런 웃음 소리가 들려올 것 같은 한옥의 앞마당. 나는 그렇게 사방이 열린 그곳에서 바람의 노래 소리와 조우했다. 백 년이 넘는 시간이 흘러오고 돌아나간 그곳에서 만난 나의 스물아홉 번째 가을이었다.

담양 창평면의 고씨 고택 촌에는 옛날 한옥 네 채가 사이좋게 모여 있다. 1900년대 초반부터 지금까지 같은 자리를 지키고 있는 것들이다. 세대와 세대를 거쳐 지금까지 후손들의 손에 의해 관리되고, 나처럼 마을을 찾는 이들에게 상시 개방(혹은 요청시 개방)하여 그 따뜻한 풍경을 함께 나누고 있다. 조선 후기의 전통적인 사대부(일자형) 남방가옥 형태의 고택들은 그렇게 지난 세월이 무연할 만큼 여전히 그 단아함을 유지하고 있다. 치맛단을 살짝 올려 잡은 여인의 손길 같은 추녀의 아름다운 곡선, 어느 것 하나 자연이 아닌 것이 없는 한옥의 모습은 그 자체만으로도 휴식이고 안식이었다. 이곳에서 얼마나 많은 이야기가 살고 사라졌을까. 문고리를 밀어보니 텅 빈 방에서 한기

가 나를 덮친다. 복작복작했던 옛 시절의 온기를 그리워하는 집의 한숨처럼.

고씨 고택 촌에는 사람 없이 집만 남은 고택도 있지만, 사람이 사는 고택도 한 곳 있다. 고재욱 고가古家가 그곳인데, 그 고택을 마주한 순간 사랑에 빠져 그곳에 곁을 두게 된 독일인 교수가 살고 있다고 한다. 외국인마저 사랑에 빠져 버린 집. 대체 어떤 매력이 있기에 푸른 눈을 가진 외국인의 마음을 이곳 창평에 묶어두었을까. 그는 사방이 모두 '열린' 한옥의 구조가 마음에 들었다고 한다. 한옥에서 경계가 아닌 '소통'의 의미를 읽은 모양이다. 안으로 감추는 일반 집의 구조와 달리 모두 밖으로 열린 한옥이야말로 '사람이 사는 집'이라는 생각에 주저 없이 자신의 조국을 잠시 뒤로하고 머나먼 타국의 어느 시골에 남은 생을 뿌리내리기로 한 것이다.

언제든 열려 있는 문, 낮은 토담, 문 없는 넓은 마루, 문풍지가 얇게 발린 소박한 문창살. 누구든지 편하게 오가고, 언제든 쉴 수 있는 곳. 그렇게 한옥은 구석구석 경계 없는 삶의 향기를 품고 있다. 흙과 돌과 나무로 만들어진 그곳에서 사람들은 보고 싶으면 주저 없이 문을 밀며 들어왔고, 사랑채에 들어앉아 서로의 속내를 풀어놓고 찐 감자나 고구마를 까먹었으며, 날이 좋은 날엔 문을 열고 지붕 위로 높게 뜬 보름달을 바라보며 말없이 자신만의 감상에 빠져들었을 것이다. 때로는 앞마당 한켠 우물 속에 가득 찬 달빛을 바라보며 떠나간 임을 그리기도 했을 것이다. 그런 날에는 대청마루에 올라 앉아 새벽까지 하늘바라기를 하다가 아침에 올릴 밥을 위해 따뜻한 아궁이에 불을 지폈을 것이다. 언제든 편히 들어오고 편히 나갈 수 있게 열린 그 집에서 가끔은 길을 잃은 동물들도 잠시 들어와 주인 몰래 단잠을 자고 서둘러 길을 떠났을지도 모른다. 그렇게 오랜 시간 동안 한옥은 살아 있는 모든 것을 가만가만 품어왔고, 창을 열면 자연이 온몸으로 쏟아져 내렸고, 그렇게 자연으로 지어진 한옥은 자연의 품에 안겨 살았다. 그 속에서 사람들은 오래도록 건강했고, 또 오래도록 자연 앞에 겸손한 마음을 가질 수 있었다. 칸칸이 나뉜 집 안에서, 나 사는 곳만 알고 사는 우리로선 그저 아득한 그림이다.

창평에서 만난 오랜 한옥들을 둘러보며 나는 잠시 한옥을 꿈꾸었다.
때마다 산수유 열매가 열리고 아름다운 매화꽃 향기가 가득한 앞마당을 갖는 꿈. 바둑이가 마루 밑에 낳은 새끼들을 위해 집을 지어주고, 싸리비로 마당을 쓸며 새벽을 여는 꿈. 언제나 열려 있는 문으로 나를 찾아올 누군가를 기다리며 달콤한 식혜 한가득 담그는 꿈. 누가 나를 해칠까 걱정 없이,

그렇게 열린 집을 안고 사는 꿈같은 꿈.

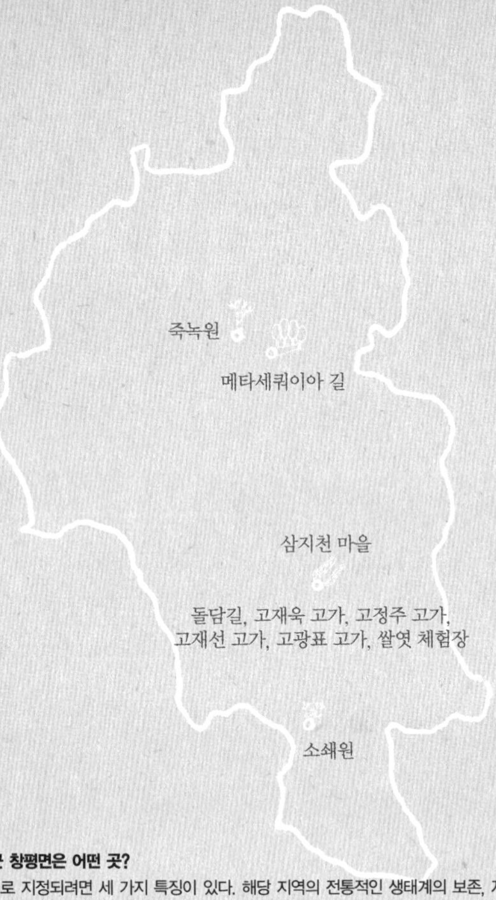

죽녹원

메타세쿼이아 길

삼지천 마을

돌담길, 고재욱 고가, 고정주 고가,
고재선 고가, 고광표 고가, 쌀엿 체험장

소쇄원

? 담양군 창평면은 어떤 곳?

슬로 시티로 지정되려면 세 가지 특징이 있다. 해당 지역의 전통적인 생태계의 보존, 지역 주민들 간의 다양한 커뮤니티 활동, 전통 먹거리의 보존이 그것이다. 담양군 창평면은 이 세 가지 조건을 모두 만족시키는 곳이다. 삼지천 마을의 고택, 한옥 마을에 펼쳐진 돌담길에서의 여유로운 산책은 슬로 라이프를 체험하기에 충분하다. 도심과 가깝다는 점도 담양만의 장점으로 꼽힌다.

담양군 창평면으로 가는 길

승용차

서울 ▶ 호남고속도로 ▶ 창평 IC ▶ 창평면 한옥 마을(삼지천 마을)

대중교통

기차 광주역 ▶ 303번 버스 ▶ 창평 파출소 하차(1시간 소요)

버스 광주 광천고속터미널 ▶ 문화동 303번 버스 ▶ 창평 파출소 하차

비행기 광주공항 ▶ 광천고속터미널 ▶ 303번 버스 ▶ 창평 파출소 하차

담양군 창평면의 명소

담양군 창평면은 산책과 자전거 트래킹 모두 즐기기에 좋다. 2008년 11월부터 창평면사무소는 20여 대의 자전거를 관광객들에게 무료로 대여하고 있다. 면사무소에 신분증을 맡기고 이용이 가능하다.

삼지천 마을 돌담길 창평면사무소 부근 3,600미터에 달하는 토석담길. 고재선 가옥 등 전통가옥이 남아 있다. 전통적인 담의 형태가 잘 보존되어 있어 토담과 돌담을 자연스레 걷는 재미가 쏠쏠하다. 돌담길 중간 중간 '창평 전통쌀엿'이라고 씌어진 간판을 심심찮게 발견할 수 있는데, 이곳에서 손수 만든 전통 쌀엿을 구입할 수 있다.

달뫼 미술관 마을창고를 개조해 만든 미술관. '달뫼'란 용수리를 둘러싼 월봉산의 순 우리말이다. 신경호 교수(전남대 미술학과), 정인수 교수(광주교대)가 미술관 옆에 작업실을 지어 '농촌 속의 미술관'을 지향하고 있다. 오전 11시~저녁 7시, 매주 월요일 휴관.

* 그 밖에 창평면을 벗어나면 이른바 '담양 10경'이라 불리는 각종 명소를 둘러볼 수 있다. 메타세쿼이아 길과 관방제림에서 자전거 트래킹을 즐기거나, 관방제림과 가까운 곳에 자리한 죽녹원에서 푸른 대나무숲을 산책하는 것도 좋다. 소쇄원의 자랑인 대나무 숲을 찾는 것도 잊어서는 안 된다.

담양군 창평면의 맛집

멘토르 약선식 화학 조미료를 일절 사용하지 않는 곳으로 유명하다. 각종 양념류도 직접 만들어 사용하고 있다. 주변의 산과 들에서 직접 채취한 재료로 만든 건강식 식사가 믿음을 준다. 창평면 용수리 306-2, T. 061.381.9390

창평국밥 창평시장의 국밥집에서 쉽게 맛볼 수 있다. 장날에 가면 장 구경도 가능하다. 매달 5일과 10일에 장이 선다.

떡갈비 담양을 대표하는 음식. 담양읍사무소 근처에 있는 덕인관을 찾으면 된다. 1인분 22,000원, 떡갈비 외에 죽통밥과 죽순회도 참 맛있다. T. 061.381.2194

담양군 창평면의 잘 곳

* 한옥에서 하룻밤 묵으려면 창평면 삼지천 마을의 유일한 한옥 민박인 '한옥에서'가 좋다. 과거 사람이 살던 곳을 개조해서 민박집으로 운영하고 있는데, 홈페이지를 통해 예약이 가능하다(대금의 50퍼센트를 미리 입금해야 한다). 담양군 창평면 삼천리 369, T. 061.382.3832, http://hanokeseo.namdominbak.go.kr

아래소내펜션 '아래소내'라는 이름은 펜션이 위치한 곳의 옛 지명인 하소천 마을의 또 다른 이름이다. 창평 한우 마을이 근처에 있다. 홈페이지를 통해 예약이 가능하다. 담양군 창평면 유천리 397-4, T. 061.383.2768, www.aresone.co.kr

slow trip 4

장흥

내게 밥 먹자, 는 말은 마음 좀 나누자, 는 말이다.

함께 밥을 먹었다는 건 이미 마음을 나누었다는 말이고,
밥은 먹었느냐고 묻는 일은 네 마음은 안녕하냐, 는 말의 다른 말이다.
안부가 걱정될 때면 밥 한 끼 먹게 시간 좀 내달라 말하고,
축하할 일이 생기면 축하한다는 말 대신 밥 사줄게, 라는 말로 축하를 대신한다.
밥 한 끼를 함께한다는 것은 그렇게 서로에게 정을 주는 일이다.
내 마음을 보이는 일이다. 낯선 타인에게 받은 두 번의 밥상.
할머니가 내게 차려준 밥상을 앞에 두고 나는 오랜만에 가슴이 참, 따뜻했다.
속이 든든했다. 그리고 젓가락질, 숟가락질과 함께 툭툭 떨어진
내 마음을 어떻게 다시 주워 담아야 하나, 걱정이 되었다.

나의 살던 고향은

한숨 큰 담배를 피우며 물끄러미 탐진강耽津江(전남 장흥군 유치면과 영암군 금정면의 경계에 있는 국사봉에서 발원하여 장흥군, 강진군을 흘러 남해로 흘러드는 강. 길이 51.5킬로미터. 납양강納陽江이라고도 한다. 신라 문무왕 때 탐라국 고을나高乙那의 15대손 고후高厚, 고청高淸 등의 형제가 내조할 때 구십포九十浦에 상륙했다는 전설에 연유하여 탐라국의 '탐耽'자와 강진康津의 '진津'자를 합해 탐진이라 불렀다고 한다) 물결을 바라보던 아저씨. 묻지도 않았는데 갑자기 내게 "저기, 내 고향이 있소"라고 말한다. 아저씨의 손이 가리킨 곳은 까만 물속. 도대체 무슨 소리인지 알 수 없는데 아저씨의 두 눈이 개진개진 젖기 시작한다. 나는 어쩔 줄 몰라 얼른 시선을 거둬 다시 물속을 바라본다. 저 안에 고향이 있다니. 들어갈 수도 없는 저 깊은 물속에.

장흥댐은 탐진강 하류의 홍수 피해를 막고 전라남도 각 곳에 생활용수를 공급하기 위해 2006년에 세워진 다목적 댐이다. 댐을 지으면서 장흥군의 몇 개의 마을이 물속으로 수몰되어야 했다. 그렇게 대략 7백여 가구, 2천 명이 넘는 사람들이 한꺼번에 실향민이 되었다. 얼마의 사람들은 아예 다른 곳으로 이주했고, 얼마의 사람들은 그래도 고향 곁에서 여생을 마감하겠다며 주변 마을로 처소를 옮겼다. 한 마을에서 얕은 담장을 두고 가족처럼 지내던 사람들은 그렇게 여기저기 뿔뿔이 흩어져 이웃도 무엇도 아닌 사이가 되어버렸다. 고향이 그리울 때는 가끔씩 물 곁으로 와 물끄러미 저 아래를 바라보다 눈물을 흘리는 게 그들이 할 수 있는 전부가 되었다.

짧지 않은 시간동안 세대와 세대를 거쳐 그저 순하게 농사만 짓고 살았을 사람들. 열심히 살아도 곤궁한 삶, 하지만 세상은 그들의 고단함을 알아주지 못할지언정 고향까지 내어놓으라 했다. 힘을 모아 항의도 하고, 대책도 세워 보았지만, 나라가 세운 계획을 막아낼 재간이 그들에겐 없었다. 평생 풀뿌리처럼 살아온 힘없이 착한 그들은 그렇게 큰 목소리 한 번 내어보지 못하고 고향을 등져야 했다. 새로운 건물을 짓는 것도 아니고, 그래서 가끔 찾아와 걸어 들어가 볼 수 있는 것도 아니고 물속에 가두다니. 오랫동안 땀 흘려 뒤엎고 씨 뿌리던 땅과 몇 대의 삶이 지어지던 집, 그리고 때마다 마을 사람들을 위로해주던 300년 넘은 당산나무까지 물속에 고스란히 넘겨줘야 했다. 그렇게 탐진강 주변의 많은 마을들은 수몰 전 찍어둔 여러 장의 사진과 그림에서만 존재하게 되었다.

댐 공사가 진행되는 동안 마을의 어르신 여러 명이 갑작스럽게 세상을 떠났다. 모두들 약속이나 한 듯, 살아서는 볼 수 없지만 죽어서는 볼 수 있을 거라고 하셨단다. 그렇게 고향이 내려다 보이는 산 위에 그들은 눈물 같은 강물을 품고 영원한 잠에 들었다. 생전의 원대로 그들은 죽어서 다시 고향을 볼 수 있었을까. 아니면 남은 이들이 부르는 망향의 노래를 들으며 아직도 까만 물속을 바라보며 함께 울고 있을까.

제 발로 박차고 나왔건, 고향이 안겨준 상처를 견딜 수 없어 도망쳐 나왔건 돌아갈 수 있는 고향을 가진 사람들은 그래도 행복하다. 언제든 마음이 생기면 버스나 기차를 타고 도착할 수 있는 곳이 있다는 건 그 자체만으로도 위로가 된다. 다시 돌아간 그곳이 외로울지라도, 나를 반기지 않을지라도 막막한 물속을 애타게 바라보아야 하는 이들의 심정보다는 나을 것이다. 아름답게 흘러가는 탐진강을 바라보며 나는 차라리 이곳을 떠나는 게 나았던 사람들의 심정을 알 것 같았다. 물에 잠긴 고향을 지척에 두고 슬퍼서 어찌 살아갈까, 눈물인지 강물인지 도무지 알 수 없는, 자꾸만 울컥해지는 두 눈을 어찌 감당할 수 있을까 싶었던 그들의 마음이 고스란히 느껴졌다.

이런저런 생각을 하다 주위를 둘러보니, 아저씨는 어느새 저 멀리 사라지고 있었다. 고향을 잃어버린 그의 뒷모습은 망망대해에 홀로 띄워진 배처럼 외로웠다. 그가 저 물속에 두고온 건 과연 무엇이었을까. 그가 말한 고향이라는 두 글자에는 얼마나 많은 그리움과 추억들이 들어 있을까. 감히 상상할 수 없겠지. 아직, 언제든 돌아갈 고향이 있는 이들에겐….

축축하게 젖은 그의 눈이 자꾸 생각나
나는 더 이상 강가에 있을 수 없었다.
탐진강을 뒤로하고 다시 올라탄 차창 위로
굵은 빗방울이 후두둑 내리기 시작했다.
나는 잠시 그것을 고향 잃은 수몰민들의 마음인가, 했다.

생각의 창窓

오후에 내린 비로 경내는 오가는 사람 없이 고요하다.
길 위로 매서운 가을 소나기에 떨어진 은행잎이 비단처럼 깔려 있다. 자박자박 떨어진 낙엽들을 밟으며 걷는다. 이럴 땐 혼자가 되어도 외롭지 않다. 사찰을 찾은 몇몇 사람들도 각자의 길을 걷는다. 마치 모두 오랫동안 이 시간을 기다려온 사람들처럼.

멀리서 목탁 소리가 들려온다.
향긋한 비자나무 숲에 청명한 염원의 소리가 울려 퍼진다. 사찰에 울리는 목탁의 공명은 세상과 사람 모두의 가슴을 울리는 것이어서 목탁 소리에 생이 흔들리는 경험을 해본 자들은 누구라도 고개를 숙이게 된다. 자신을 바로 보게 된다. 목탁 소리는 돌아볼 겨를 없이 살아온 우리에게 이쯤에서 나를 돌아보라고 말해준다. 나지막한 스님의 독경 소리와 은은하게 울려 퍼지는 목탁 소리를 듣고 있노라니 그간 내 안에 들어 있던 수많은 번민의 순간들이 떠오른다. 나는 눈을 감고 마음을 숙인다.

반성해야 할 것들이, 속죄해야 할 것들이 너무나도 많다.

보림사에 오기 위해 먼 길을 왔다. 가을쯤이면 좋겠다 싶어, 가을에 맞춰 왔다. 노랗게 물든 키 큰 은행나무와 탐스러운 감이 주렁주렁 맺힌 감나무, 무엇보다 모든 생명이 침묵의 계절로 들어가기 전 있는 힘을 다해 아름다움을 발산하는 모습을 보고 싶었다. 과연 내 바람대로 절을 둘러싸고 있는 가지산의 나무들은 단풍으로 아름다웠다.

보림사는 860년경 신라시대 헌안왕의 권유로 원표 스님의 암자가 있던 자리에 세워진 유서 깊은 도량이다. 우리나라에 선종이 처음 들어와 자리 잡은 때이기도 하다. 역사의 깊이만큼이나 고풍스럽고 단아한 모습의 이 사찰은 국보 117호로 등재된 비로자나불상을 비롯해 500년이 넘도록 소실되지 않고 지켜온 목조사천왕상 등 귀한 보물들을 품고 있다. 단순히 절을 찾은 기분이 아닌, 역사의 한 부분을 들여다보는 듯한 엄숙한 느낌이 드는 건 그래서 너무 당연해 보인다.

경내를 돌아다니며 나는 자주 어딘가에 앉고 싶었다. 잠시 나를 멈추고, 낮추고 바라보는 순간, 사찰은 비로소 못난 나를 어여삐 여겨 감춰둔 아름다움을 보여준다. 비록 종교가 달라 예불을 드리지는 않았지만, 가끔 자연 속에 은거한 사찰들을 방문할 때면 종교를 넘어 사람과 사람에게로 닿는 선자의 보이지 않는 자비가 느껴진다. 그것을 나는 편안함 혹은 안락한 휴식이라 부른다. 비록 겉만 훑고 돌아가는 게 전부이지만, 그것이 주는 마음의 정화는 이루 말할 수 없이 크게, 고마울 따름이다.

살며, 인연을 고민하지 않을 수 없다.
불교에서 말하는 윤회가 정말 있는 것이라면 나는 지금 내 주변 사람들에게 적잖이 많은 빚을 지고 있을 것이다. 몇백 년에 한 번, 전생의 모든 업을 씻어내야 비로소 사람으로 타시 태어나는 게 윤회라면 나는 그리도 어렵게 만난 이 사람들을 너무나 소중히 여기지 않았는지 모른다. 이 생生이 다하면 우리는 지금을 다 잊을 텐데, 서로 다른 곳에서 태어나 이름도 모른 채 살아갈

텐데도 너무 많이 미워하고 너무 많이 불편해 하며 살고 있는지 모른다. 고맙게도 사람으로 태어나 이제 겨우 삼십 년을 살아온 나는 앞으로 남은 생을 정말 사람답게 살겠다고 다짐한다. 내 주변의 인연들에게 거듭 고마워하면서, 좋은 일도 많이 하면서.

언젠가 누군가 우스갯소리로 이런 이야기를 해준 적이 있다. 현생의 내 부모는 전생에 나에게 가장 많은 빚을 졌던 사람이라고, 그리하여 나에게 그 빚을 다 갚기 위해 부모로 태어나는 거라고. 나는 고개를 끄덕였다. 마치 용서하기 위해 태어난 사람들처럼 모든 것을 용서하고 내어주기 바쁜 게 부모의 마음이란 걸 알고 있기에. 그리고 나는 되물었다. 그럼 한 부모와 한 자식은, 한 번씩 부모 되고 자식 되기를 반복해서 태어나는 거냐고. 분명 현재의 생에서 내가 가장 많이 빚지고 있는 건 내 부모님일 텐데, 그렇다면 다음 생에선 내가 우리 부모의 부모로 다시 태어나는 게 맞지 않겠느냐고 물었다. 그렇게 전생에 내가 받은 사랑을 내 자식에게 쏟아 붓고 평생 갚지 못할 빚을 갚듯이 자식들을 위해 내 삶을 바쳐야 하는 게 아니겠느냐고 말이다. 정말이지 윤회가 있다면, 그 말처럼 부모와 자식의 인연이 그런 것이라면, 부디 다음 생에서는 내가 우리 부모의 부모로 태어나길 소망한다. 되돌려드리고 싶은 것이 너무나 많기 때문이다. 지금 생이 끝나면 나는 무엇이 될까. 어떤 모양으로 누구의 곁에 있게 될까. 바람일까, 나무일까, 구름일까. 나는 전생에 어떤 모양이었을까. 산이었을까, 꽃이었을까, 아님 그 무엇이었을까.

다시 비가 내린다.
인적 없는 사찰 구석에 홀로 앉아 추적추적 빗소리를 듣는다. 풍경이 울린다. 마치 괜찮다고, 걱정하지 마라고 말해주는 바람의 음성 같다. 처마 밑으로 주룩주룩 떨어지는 빗방울들을 물끄러미 바라보다 자리를 털고 일어선다. 빗줄기에 우수수 떨어진 노란 은행잎 몇 장을 주워 주머니 속에 넣고 커다란 숨을 내쉰다. 마음과 눈이 모두 깨끗하게 씻긴 기분. 온몸 구석구석을 빈틈없이 툭툭 털어내 그동안 무거웠던 마음의 먼지까지 훌훌 날아간 것처럼 가뿐하다.

사찰을 나서기 전, 나는 마음속으로 합장을 해 부처님께 안녕의 인사를 드린다. 고개를 들어 바라보니 저 멀리 나도 모르는 사이 툭 던져두고 나온 내 이기심들이 저벅저벅 부처님의 손안으로 걸어가고 있었다. 극락의 세계에서 현세의 때를 벗고 부디 깨끗한 그 무엇으로 거듭나기를. 멀어져 가는 그것들에게 빌어주었다.

사랑을 믿는
나를 믿는 거야

아무것도 없을 때 만나서, 여전히 아무것도 없는 삶을 살고 있는 우리.
그래도 언젠가는 우리에게도 멋진 내일이 있을 거라고 서로를 위로하며
웃을 수 있기.
아무리 노력해도 맞춰지지 않는 둘의 취향.
그래도 언젠가는 비슷해지겠지 생각하며 웃어넘기기.
전화벨 소리만 들어도 너의 기분을 알아채기.
화장하지 않은 얼굴로 비비적거리는 내게 참 못생겼다고 말해줘도
기분 나쁘지 않기.
화내고 싶을 때 마음껏 화내기.
나에게 돌아설 너를 두려워하거나 속상한 마음 덧내지 않기.
고마울 때 마음껏 고맙다고 하기.
너에게만은 못난 내가 마음껏 인정받기.
나의 소소한 괜찮은 점을 오버해서 인정하는 너에게 괜시리 눈물 나기.
서로의 가족을 내 가족만큼이나 사랑하기.

따뜻한 바닥에 배 깔고 누워 시시한 코미디를 보며 함께 웃다가
'넌 참 내 속을 썩이는 여자야' 라는 말에 얼쑤 장단 맞추며 뻔뻔하게 웃기.
이제는 며칠 멀어지는 너를 눈감고 참아주기.
무엇보다 사랑이 사랑만 가지고 될 수 없다는 걸 아는 나이가 되어서도
변함없이 너를 좋아하기.

그래, 난 영원한 사랑을 믿는 게 아니야.
사랑을 믿는 나를, 믿는 거야.

기억을 담는 여자

여자의 방에는 작은 유리병들이 빼곡히 들어차 있다。
투명한 그 병에는 모래알도 들어 있고, 작은 돌멩이도 들어 있고, 나뭇가지며 마른 풀잎도 들어 있다. 도대체 이게 뭘까, 의아해하며 자세히 들여다보는 사이 친숙한 이름들이 눈에 들어온다. 1998년 경포대, 2001년 화진포, 2005년 지리산… 그녀가 기억을 주워온 곳들이다.

그녀는 기억을 담는 여자다。
누군가 여행에서 사진을 찍듯이 여자는 남기고 싶은 것들을 유리병에 담는다. 1998년 경포대의 모래알은 어딘가 설익은 젊음처럼 여기저기 모나 있어 입자가 굵다. 여자는 그 모래알에서 그 해 여름 머리꼭대기 위에서 빛나던 태양과 늦은 밤 몰래 숙소를 빠져나와 바라본 새벽의 바다, 그리고 손에 들려 있던 아이스크림의 맛을 기억해낸다. 2001년 화진포의 모래알은 그 시절 여자의 마음만큼이나 부드럽다. 조르르 손바닥 위로 떨어지는 모래알을 바라보며 여자는 모래사장 아래 두 발을 무릎까지 파묻고 까르르 멈출 줄 모르고 웃던 자신을 기억한다. 지금은 곁에 없는 그의 미소와 씻어도 씻어도 어딘가에 다시 달라붙어 빛나던 모래알의 싫지 않은 불편함을 기억한다.

2004년의 파리 오데옹에서는 각설탕 한 조각을 담아왔다. 모서리가 약간 닳아버린 하얀 각설탕을 보며 여자는 스물하나에 만난 파리, 그중에서도 오데옹에서의 한가롭던 시간을 떠올린다. 노천카페에 앉아 지나가는 사람들을

구경하며 남긴 낙서와 디저트의 맛을 떠올리다 보면, 거리 악사의 노래 소리마저 고스란히 되살아났다. 그렇게 여자는 1999년 찾아간 대전의 어느 초등학교에서는 어릴 적 좋아했던 불량식품 옥수수 알갱이를, 2002년의 후쿠오카에서는 작은 미니젓가락을 담아왔다.

언젠가 여자와 차 한 잔을 두고 마주 앉았을 때, 여자는 1년 전 하동에서 담아온 녹차 잎이 담긴 병을 열고 있었다. 그리곤 마치 지금 그곳에 있는 듯, 그때 자신이 본 것들을, 느꼈던 것들을 나긋나긋 이야기했다. 그리고 말했다.

: 내가 담아오는 것들은 '순간'이야. 전체를 지배하는 단 한 순간, 그 순간을 잊지 않는 한 기억은 영원해.

여자의 얼굴은 단호했다. 마치 세상이 알아선 안 되는 단 하나의 비밀을 발설하는 순간처럼. 나는 차를 마시다 말고 고개를 끄덕거렸다. 분명 남들에게는 없는 여자의 특별한 취미를 온몸으로 공감한 순간이었다.

스물넷의 봄, 나는 프랑스에 갔다。
2주간의 여행을 마치고 나는 조금 오래 후유증을 앓았다. 루브르의 광대함보다, 에펠탑의 두근거림보다, 노천카페에서 맛본 하얗고 둥그런 핫초코 머그잔의 따뜻함이 견디기 힘들었다. 누군가 버려두고 간 과자봉지에 반사된 햇빛에 눈살을 찡그리던 순간이 떠올라, 처음 까뜨 오랑주를 샀을 때의 가슴의 두근거림이 생각나 견딜 수 없었다. 그건 사진으로도, 그 무엇으로도 담을 수 없는 것들이었다. 내가 그 여자였다면, 어떻게든 그것들을 담아왔겠지. 그 순간을, 그 느낌을…. 그 순간 정말이지 여자가 이 세상 어떤 부자보다도 더 풍족해 보였다. 흐려지기 마련인 기억들을 이렇게 고스란히 모아두다니,

그 기억의 순간들과 함께 있는 한, 여자는 늙지도 않을 것만 같았다.

차를 마시며 여자는 언젠가 카페를 열어 저 유리병들을 가지런히 진열하고 싶다고 했다. 카페의 이름을 아직 정하지 못했다는 그녀는 그곳에서 커피와 케이크를 팔며 사람들에게 자신이 담아온 기억들을 보여주고 싶다고 했다. 그렇게 된다면 그 카페는 그 자체가 하나의 커다란 유리병이 되지 않을까 싶다. 카페를 찾는 사람 하나하나가 순간의 기억이 되고, 인연이 되어 영원히 그곳에 머무르는 유리병이 될 것만 같다.

언젠가 카페를 열게 될 여자를 위해 나는 무엇을 해줄 수 있을까. 곰곰이 생각하다 '영원한 단골'이 되기로 했다. 맛있게 차를 마시고, 조각 케이크를 먹어주고, 가끔은 유리병에 묻은 먼지를 닦아주는 모범 단골이 되겠다는 내 말에 여자는 한참동안 웃음을 멈추지 못했다. 자리를 털고 일어나는 내게, 여자는 줄 것이 있다고 했다. 그리곤 내 손에 작은 유리병을 쥐어주었다. 아무것도 들어 있지 않은 텅 빈 유리병.

: 기억하고 싶은 순간을 담아둬.

여자는 싱긋 웃었다.

: 고마워.

나는 어찌해야 할 바를 모른 채 유리병을 손에 꼭 쥐고 돌아왔다. 가능하다면 여자와 나는 그 시간을 담았으면 좋으련만. 정작 무엇을 담아야 그 순간을 눈으로 확인할 수 있을지 알 수 없었다. 그렇게 여자가 준 유리병은 아직 그대로 내게 있다. 아직 아무것도 담지 않은 유리병은 무얼 담게 될까 설레는 눈치다. 나는 텅 빈 유리병에 어떤 기억을 담게 될까. 슬프게도 그동안 내게는 영원히 담아 기억하고픈 순간이 찾아오지 않았다. 그렇게 유리병은 너무 오래 텅 비어 있다.

아주 오랜만에 여행 가방을 챙기며, 나는 유리병을 주머니 속에 넣는다. 눈물 나게 좋은 바람을 만난다면, 그 바람이라도 담아오겠다는 마음으로 길을 나선다.

순간으로 영원을 산다.

여자 덕분에 나는 그 말이 참 좋아졌다.

있는
그대로

인분 냄새가 진동을 한다.
머릿속을 깜짝 깨우는 그 냄새에 잠시 코를 막는다. 참 오랜만이다, 이런 냄새. 그런 생각을 하는 사이 냄새는 익숙해지고 낯익고 정겨운 풍경이 하나하나 눈에 들어오기 시작한다. 사람이 살고 있을까 싶을 정도로 고요한 마을은, 마치 세상은 산이 아니면 흙이라는 듯 온통 초록과 흙냄새로 가득하다. 마땅히 구경할 곳도 없고, 쉬었다 갈 곳도, 요기를 할 곳도 눈에 띄지 않는 마을. 그래서 왠지 더 편안하고 정이 갔던 마을. 슬로 시티 장흥 유치면은 그렇게 차분하고 과묵한 나무 한 그루 같은 모습을 하고 있었다.

유치면 사람들은 유기농 순환농법으로 농사를 짓는다.
말 그대로 착하고 정직하게 자연과 더불어 상생하는 삶을 실천하고 있다. 화학비료 대신 소의 배설물과 지렁이가 배변 활동을 하며 정화해놓은 지렁이 배변토를 섞어 만든 친환경 유기퇴비로 농작물을 재배하고 논두렁엔 우렁이를 놓아 벼를 기른다. 넘침 없이 해침 없이 자연과 같은 눈높이에 서서 겸허한 자세로 자연을 바라보는 사람들. 그래서인지 마을을 거닐며 만난 몇몇의 사람들은 모두 자연을 닮은 눈을 가지고 있었다. 특별히 볼 것도 없다며 수줍게 웃고는 잘 쉬다 가라며 손 인사까지 건네는 마을 주민들의 모습에서 소탈하고도 솔직한 농민들의 본 모습을 볼 수 있었다.

마을 곳곳의 소나무 숲에서는 장흥의 대표 농산물인 표고버섯을 재배하고

있었다. 표고는 참나무 토막에 버섯종균을 넣고 1년이 지난 뒤에 얻을 수 있는, 그야말로 기다림 없이는 얻을 수 없는 귀한 자연의 선물이다. 그렇게 오랜 정성 끝에 표고를 얻고 버려진 폐목은 장평면의 주요 생산 사업인 장수풍뎅이를 길러내는 데 중요한 역할을 한다. 그야말로 버리는 것 하나 없는 순환농법의 기본을 충실히 살린 사람들의 지혜로운 생각이 엿보이는 부분이 아닐 수 없다.

지친 도시 생활에 염증을 느껴 모든 것을 접고 자연으로 걸어 들어오는 사람들이 해마다 늘고 있는 요즘, 이 마을에도 서울에서, 그리고 대한민국 각지에서 자연을 찾아 쉴 곳을 찾아 나선 사람이 하나 둘 늘어가고 있단다. 변화보다는 '순응'의 삶을 선택한 그들은 서툴게 농사를 지으며, 도시의 차가운 시멘트와 유리벽을 잊고 흙이 주는 따뜻함을 배우고 있다. 그 과정을 통해 그들은 전원생활이란 단순히 도시에 없는 꿈을 꾸는 게 아니라 흙과 더불어 살아가는 현실을 읽는 지혜를 배우는 것이라는 걸, 더욱 부지런하지 않으면, 욕심을 버리지 않으면, 그리고 문명이 주는 수많은 이기를 어느 정도 포기하지 않으면 속도가 지배하는 이 세상에서 자유로워질 수 없음을 흙속에서 배우게 된다. 서툴게나마 농사를 시작하고, 그렇게 착실한 마음으로 나날이 자연에 익숙해지며, 땅에게 겸손한 마음으로 한 해가 저물 무렵 지난해에 비해 더 큰 수확을 얻는다. 먼 훗날, 전원에서의 삶을 꿈꾸는 나에게 그들의 모습은 너무도 부러울 만큼 평화로웠다. 자신이 먹을 만큼만 가져다 먹고, 기를 수 있는 만큼만 길러 먹는 소탈한 모습에서 도시인의 숨 가쁜 불안이나 초조함은 찾을 수 없었다.

적막한 마을 이곳저곳을 이리저리 걷다 보니, 문득 마음속에 이런 목소리 하나가 들려온다. 이런 곳이라면 한번 살아볼만 하지 않은가, 하는…. 어느 곳

하나 유난한 곳이 없는, 어느 것 하나 내세우는 것이 없는, 그저 있는 그대로의 것들로 농사를 짓고, 자연과 더불어 살아가는 사람들로 가득한 곳. 이런 곳이라면 세파에 찌든 나도 좀 더 깨끗한 사람으로 거듭날 수 있지 않을까 하는 생각이 든다.

더 많이 얻기 위해 편법을 쓰지 않고, 더 빠르게 얻기 위해 지름길을 찾지 않는 정직한 사람들. 슬로 시티 장흥군 유치면 사람들은 남들이 걷지 않는 길을 걸으며 행복해 하는 사람들이다. 말 그대로 느림의 철학을 삶으로 실천하고 있는 아름다운 사람들이다.

: 친환경? 그거 별거 없어. 자연한테 좋은 게 사람에게도 좋다는 말이지. 말 그대로 자연이랑 친해지는 게 친환경이야. 그저 욕심만 버리면 돼, 조금 더 부지런해지면 돼.

잠시 요기를 하러 들른 작은 농가에서 어느 농부가 건네준 말이었다. 유기농도, 친환경도 결국 있는 그대로 사는 삶의 다른 말에 불과하다고 그는 말했다. 사람이 자연 위에 선다는 오만을 버릴 때, 비로소 사람과 자연 모두 건강하게 공존할 수 있다는 것을 유치면 사람들은 몸소 이야기하고 있었다.

돌을 쌓는 마음으로

남자는 돌을 쌓고 있었다.
커다란 지게를 멘 등이 유난히 힘겨워 보였다. 시간 가는 줄 모르고 내가 바라보는 동안 남자는 조금도 쉬지 않았다. 가끔 도저히 버티기 힘들면 제자리에 멈춰 허리를 짚고 커다란 한숨을 뱉어내는 게 전부였다. 사시사철 바뀌지 않을 것 같은 옷을 걸쳐 입은, 삼시세끼는 제대로 챙겨 먹는지 걱정되는 그의 얼굴은 논두렁처럼 여기저기 갈라져 있었다. 도대체 그는 왜 돌을 나르고 있을까, 무슨 까닭으로 돌담이며 탑들을 저렇게 쌓아두는 걸까. 가까이 다가가 말문을 여는 순간, 그는 대답할 게 없다는 듯 돌이 가득 든 지게를 메고 스윽 지나간다. 날이 찬데 이마엔 땀이 송글송글 맺혀 있었다. 열기로 벌겋게 달아오른 얼굴은 그가 얼마 동안을 묵묵히 오갔는지 말해주고 있었다. 하지만 아무리 보아도 그의 힘겨운 노동엔 아무런 목적도, 어떠한 이유도 없어 보였다. 남자는 그 고됨의 무게만을 절절히 느끼는 듯했다.

알아주는 이 하나 없는 이 쓸쓸한 시골 마을 한구석에서 그는 언제부터 돌을 쌓기로 마음먹었던 걸까. 그가 나르는 돌은 참회일까 희망일까, 아니면 절대 속죄하지 못할 일에 대한 스스로의 죗값을 치르는 걸까. 하지만 아무리 서 있어도 그에게 다가갈 기회가 올 것 같지 않다. 그냥 돌이나 보고 가야지 하는 심정으로 가까이 다가가 그가 나른 돌무더기를 바라보았다. 여기저기 모난 조금도 다듬어지지 않은 커다란 돌덩어리들이 수북이 쌓여 있었다. 버리고 싶어도 버릴 수 없는 너와 나의 못된 마음 같은….

돌탑은 염원이다。
커다란 돌이 깔린 맨 밑의 초석을 시작으로 지나가는 이의 염원이 하나씩 쌓아 올려진다. 쌓아지는 데 성공하면 염원은 이루어질 것이지만, 무너져 내리면 모든 게 없던 일이 된다. 조마조마한 마음으로, 가장 안전한 크기의 돌을 주워 올린다. 내 밑에 깔린 돌 속에 어떤 염원이 들어 있는지, 누구도 궁금해하지 않는다. 다만 무너지지 않으면 된다. 내 염원만 이루어지면 그뿐이다. 일상다반사의 무탈을 기도하고, 고작 작은 돌멩이 하나 얹어 놓고 가면 그만이다. 그 안에는 어떠한 반성도, 어떠한 참회도 들어 있지 않다. 함부로 나의 바람만을 버리듯 쌓아두고 갈 뿐이다.

그런데 지금 내 눈앞의 남자가 쌓아두는 커다란 돌덩어리들은 너무나 무거웠다. 단순한 염원이라 하기엔 너무도 고단했다. 그 속에는 그렇게 고되지 않으면, 견디기 힘들 것 같은 삶의 무게가 단단히 박혀 있다. 그렇게 정신없이 나르지 않으면 잊기 힘든 어떤 사연이 가득했다. 그것은 마치 오체투지를 하며 땅을 밀고 나가는 성자의 고행과도 같았다. 온몸으로 들어내지 않으면 닿지 않을 그 무엇에 손을 내밀고 있는 듯했다. 어쩌면 남자에게 저 돌은 가족일지도, 친구일지도, 세상일지도, 그것도 아니면 자기 자신일지 모른다. 그것들에 대한 미안함일 수도, 혹은 용서일 수도 있다. 그는 저렇게 매일 돌의 무게를 견디며 떠들썩한 사죄의 목소리보다 담담한 움직임으로 모든 것을 감당하고 있을지 모른다. 문득 남자가 쌓아 올린 수많은 돌덩어리들 속에서 커다란 울음소리가 들려오는 듯하다.

나는 지금 무엇을 짊어지고 있는 걸까。
무엇을 나르며 살고 있을까. 반성해야 할 많은 것들을 그대로 남기고, 용서받아야 할 것들을 놓고 이렇게 살아도 되는 걸까. 나는 전혀 모르는 일이라

는 듯 팽개친 채 이렇게 태연히 살아도 좋은 걸까, 라는 생각이 들자 덜컥 겁이 났다. 늘 죄스러운 부모님에게, 미안함 가득한 가족들에게, 잘해주지 못하는 친구들에게, 하물며 나를 숨 쉬며 살게 해주는 이 고마운 지구에게, 무엇보다 내 스스로의 잘못을 묵묵히 용인해준 못된 내 자신에게 나는 저 남자가 지고 나르는 돌처럼 대신 져야 하는 삶의 무게가 너무 많다. 그렇게 몇 시간 동안 돌을 나르는 남자를 보며 나는 고행의 의미를 깨달았다. 알아주는 이 하나 없이 오로지 나만 알면 되는 그런 고행의 시간이 내게도 필요하다는 생각이 들었다. 지금껏 절실한 소원을 빌며 고작 작은 돌 하나 쉽게 올려두고 돌아섰던 내 인생이 아닌, 커다란 돌을 짊어지고 잊고 살았던 것들을 돌아보는 시간을 가져야겠다고 생각했다. 누구도 내 삶을 대신해 살아주지 않는다. 그동안 잘난 척 살아왔지만, 그 누구도 나의 과오를 대신 씻어줄 사람이 없다는 걸 우리는 모른 척 살아간다.

자기 몸을 희생하며 돌을 짊어지고, 커다란 돌무더기를 쌓고 있는 남자를 바라보며 나는 내 마음속에 작은 지게를 하나 짊어졌다. 당장 누가 알아주지 않는다 해도, 가끔씩 마음속에 쌓인 과오의 돌들을 일일이 등에 지고 저 멀리 버릴 수 있는, 아직은 어설프지만 오래도록 고치며 써나가야 할 지게를 짊어졌다. 이제 남자 곁에서 멀어져야 할 시간. 서서히 그곳을 떠나면서 나는 다시 한 번 뒤돌아보았다. 남자는 여전히 허리를 굽히고 묵묵히 돌덩어리들을 지게 위로 쌓고 있었다. 저 멀리 남자가 쌓아둔 돌산이 저녁 해에 반짝반짝 빛나고 있었다. 밥이라도 먹고 하시라는 말씀을 꿀꺽 삼키고 나는 다시 마을로 내려왔다. 언젠가 저 돌산이 하늘까지 닿는 날, 남자는 지게를 내려놓을 수 있을까? 그때가 되면 이제 겨우 모든 걸 용서할 수 있다고, 혹은 용서받을 수 있다고 웃을 수 있을까.

뒷모습

#1.

녀석의 얼굴이 왠지 슬퍼 보인다. 예쁘다 쓰다듬어주니 가끔 꼬리만 살랑거릴 뿐, 그닥 즐겁지 않은 얼굴이다. 배가 고파서 그러나 싶어 가방을 뒤져보니 떠나오며 챙겨온 호두 한 봉지가 보인다. 주섬주섬 그것을 꺼내주니 냄새만 맡고는 입에 대지 않는다. 뭐가 없나 싶어 더 찾아보니 마침 몇 개의 소시지가 있다. 그런데 그것도 먹지 않는다. 도대체 왜 그래. 어디 아프니. 강아지는 그렇다는 듯 고개를 떨구더니 떨어진 소시지 하나를 물고 어슬렁어슬렁 어디론가 걸어간다. 어디에 사는가 싶어 슬쩍 따라가 보니 얼마 가지 않은 곳에 줄에 묶인 강아지 한 마리가 있다. 녀석은 그 강아지 앞에 소시지를 놓아준다. 맥없이 늘어져 있던 줄 묶인 강아지가 소시지를 먹는 동안, 녀석은 묶인 강아지를 이리저리 핥아주기 시작했다. 자세히 보니, 묶인 녀석은 다리를 절고 있다. 불편한 몸으로 다니다 다칠까 염려한 주인이 그대로 목줄을 한 모양이다. 녀석은 이리저리 핥아주고 장난도 쳐주며 묶인 강아지의 곁을 떠나지 않는다. 그런데 소시지를 다 먹은 강아지는 이렇다 할 반응도 없이 다시 시름시름 등을 돌리더니 다시 자리에 눕는다. 너무 아프고 힘들어서 사랑도 뭣도 다 싫은 얼굴이다. 그제야 녀석의 얼굴이 왜 그렇게 슬퍼 보였는지 알 것 같았다. 녀석은 아픈 짝을 두고 있는 거였다. 등 돌려 누운 짝의 뒷모습을 물끄러미 바라보다 녀석은 풀이 죽은 자기 짝을 즐겁게 해주려는 듯 이리 뛰고 저리 뛰고 꼬리를 흔들며 짖기 시작했다. 그렇게 아프지 말고 좀 웃어봐. 그렇게 말하는 듯 컹컹 짖고 이리저리 노력하던 녀석을 두었지만, 정작 등 돌린 강아지는 조금도 움직이지 않는다. 귀찮다는 듯, 아프니 나 좀 가만히 두라는 듯.

늘 그래왔던 건지 그렇게 열심히 노력하던 녀석은 짝의 반응 없음에 풀이 죽어 어디론가 툴툴 걸어간다. 사방이 산이고 강인 이 마을에서, 녀석에게 사랑 말고 재미있는 게 뭘까 싶어 나는 멀어지는 녀석의 뒷모습을 오래도록 바라보았다. 방향도 없이 무작정 어디론가 걸어가고 있는 나그네의 뒷모습 같다. 축 늘어진 꼬리와 마른 몸. 나는 점점이 멀어지는 하얗고 검은 녀석의 작은 뒷모습이 애처로워 순간 마음이 울컥해졌다.

#2.

지하철에 앉아 있다 보면 순간순간의 어떤 장면들이 정지된 프레임으로 두 눈에 확 들어와 박히는 때가 있다. 그날은, 한 노부부였다. 아내의 팔에 팔짱을 단단히 끼고 어깨에 몸을 기대고 있는 남편. 놓치면 안 될 것을 붙잡고 있는 것처럼 필사적인 모습이었다. 무엇이 저이의 마음을 다급하게 만든 걸까, 생각하는 사이 놓쳤던 남자의 두 눈이 눈에 들어온다. 깊이 감겨진 눈. 그 위에 덧씌워진 검은 선글라스. 그리고 들려 있는 시각장애인용 지팡이. 아내는 무언가 연신 남편의 귀에 말해주고 있었다. 남편은 간간이 웃었고, 아내는 그럴수록 남편의 손을 더 꼭 잡아주었다. 이윽고 그들이 내려야 할 역에 도착했을 때, 아내는 조심조심 팔짱 낀 남편을 데리고 한발 한발 지하철을 나섰다. 나는 그 노부부의 뒷모습에서 눈을 뗄 수 없었다. 물론, 같지는 않으나 한때 나 역시 누군가의 마음속에 굳게 팔짱을 질러놓고 떨어지지 않고 싶어 했던 때가 있었기 때문이었다. 세상의 전부가 그였고, 그의 눈을 통해 세상을 보며 살고 싶던 때가 있었기 때문이었다. 그가 들려주는 것만이 전부라고 믿었던 시절. 그래서 더 절박하게 그 두 팔에 매달리던 시절. 잠시라도 떨어

지면 불안해했고, 혼자서는 무엇도 하기 싫었던 눈 뜨고도 눈 감은 듯 살던 시절. 그러나 그때의 우리는 저 노부부처럼 평화롭지 못했다. 아름답지 못했다. 눈을 감고 매달렸으되, 나는 신뢰하지 않았고, 믿는다고 말할수록 의심은 커져만 갔다. 결국 우리는 서로에게 질려 뒤돌아섰고, 얼마 되지 않아 말끔히 회복되어 각자의 삶을 살았다. 내가 매달렸던 것은 아무것도 없는 허방이었을 뿐, 서로를 위해 단 이만큼도 포기하지 않았다는 것도 알게 되었다. 몸도 마음도 모두 어렸던 그때에는, 나를 다 내어주면 결국 나는 남는 것 하나 없이 무너지는 걸로만 알았다. 사랑을 얘기한 우리는 그렇게 사랑할 줄 몰랐다.

누군가의 삶을 평생 인도해주어야 하는 엄청난 현실을 떠안고도 평온과 안락을 얼굴에 가득 담고 있던 아내의 얼굴, 자신의 삶을 어떠한 의심도 없이 기댈 수 있어 행복하던 눈 먼 남편의 얼굴을 나는 오래오래 기억해두고자 한다.

까마득한 내일을 모두 걸고, 나는 너에게,
의심 없이 내 모든 것을 던질 수 있을까.

지금의 나는 두 눈을 질끈 감고 내게 기대오는 너에게 내가 가진 세상의 얼마를 보여줄 수 있을까. 지금의 너도, 지금의 나도 서로에게 눈이 되어 줄 수 없다면 우리는 도대체 몇 번의 사랑으로 이 긴 생을 버텨내야 하는 것일까.

#3.
너와 헤어져 집으로 향할 때, 나는 매번 뒤돌아보지 못했다.
네가 나의 뒷모습을 바라보고 있을까 하는 기대로, 몇 번 뒤를 돌아보았을 때마다 너는 이미 등을 돌리고 멀어지고 있었다. 어린 마음에 난 유독 그것에 상처를 받았다. 집으로 돌아가는 여자의 뒷모습을 끝까지 지켜주지 않다니. 그게 속상해 너에게 화를 냈다. 왜 내가 가는 뒷모습을 끝까지 지켜주지 않느냐고 소리쳤다. 멍하니 내 얘기를 듣고 있던 너는 우물쭈물하며 내게 대답했다.

: 네가 집에 가는 뒷모습을 보고 있으면 자꾸 슬퍼져. 넌 언제나 뒤도 돌아보지 않고 집으로 곧장 가잖아.

이럴 수가. 내가 정말 그랬었나. 난 몇 번이고 뒤돌아봤는데, 그때마다 분명 너는 등을 돌린 채 가고 있었는데…. 네가 뒤돌아볼 때 나는 앞만 보고 걸어갔고, 그런 내 모습이 서글퍼 네가 다시 뒤돌아 갈 때 나는 또 다시 너를 돌아보았던 거구나. 그렇게 우린 엇갈린 타이밍 속에서 서로의 뒷모습만 보며 상처받았다. 그 후로, 누군가의 뒷모습을 바라보는 건, 모두에게 슬픈 일이구나, 라고 생각하게 되었다. 함부로 뒷모습을 보이는 일 역시 슬픈 일임을 알 수 있었다. 그날 이후, 우리는 끝까지 서로의 뒷모습을 챙기는 사이가 되었다. 함부로 뒷모습을 보이지 않는 관계가 되었다. 그래도 가끔 보는 서로의 등은 어쩔 수 없이 쓸쓸했지만, 내가 저 뒷모습까지 지켜주면 되지 않나, 라는 생각을 하며 외롭지 않았다.

사람의 뒷모습은 왜 그렇게 서글픈 걸까. 손으로 털어내지 못한 쓸쓸함이 등 뒤에 붙어 있어서, 손에 닿지 않아 떼어낼 수 없는 수많은 외로움이 가파른 등에 켜켜이 굳어 있어 그런지 모른다. 우리는 결국 나 아닌 다른 사람의 따뜻한 손이 쓸어내주지 않으면 사라지고 마는 존재이다. 그래서일까. 사랑하는 사람의 굽은 등을 볼 때마다 나도 몰래 쓸어내려주고 싶어진다.

야경 夜景

해가 슬슬 넘어가기 시작할 무렵, 도시의 불빛은 하나둘 늘어간다.
이윽고 새카만 밤이 내리면 도시는 찬란히 빛 속에 제 뒷모습을 감춘다. 한낮의 피곤함과 보고 싶지 않아도 보이던 많은 것들이 어둠의 품에 조용히 안기는 시간, 사람들은 다시 꿈의 시간으로 걸어 들어간다. 수고했다 말해주는 이 하나 없는 이곳에서 스스로 위로를 찾으려 자꾸만 밤으로, 밤으로 찾아들어간다.

북악 스카이웨이에 올라 바라보는 서울의 야경은 늘 아름답고, 그만큼 아련하다. 높이 올라 있는 빌딩숲이 뿜어내는 빛의 찬란함, 사람들이 돌아온 아파트에서 새어나오는 불빛들의 아늑함, 어디론가 줄지어 이동하는 자동차들의 헤드라이트 불빛들의 쓸쓸함, 한강 위에 세워진 교각 위를 장식한 조명들의 어색한 화려함… 그것들 틈 사이로 움츠린 어깨를 웅숭거리며 어디론가 종종걸음 치고 있을 사람들이 보인다. 저 화려한 야경 속에서 누군가는 당장 오늘밤 잠을 잘 곳을 위해 방황할 것이고, 누군가는 이별의 아픔을 견디며 골목을 비틀거리며 걷고 있을지 모른다. 저기 어딘가에서 누군가 하루 일과를 마치는 시간, 다른 누군가의 하루는 시작될 것이고, 낮보다 더 치열한 시간들을 견디며 어서 아침이 오기를 기다리는 사람도 생각보다 많을 것이다.

손을 뻗어 이것저것 가늠해본다. 모든 것이 어둠속에 켜진 한줄기 빛으로만 존재하는 시간이기에 많은 것들을 마음 놓고 기억할 수 있다. 저기 어디쯤,

네가 사는 곳이다. 저기 어디쯤에서 우리는 자주 만났고, 저 넘어 어디쯤 너와 내가 함께 살았던 동네가 있었다. 저기 어디쯤 우리가 자주 술을 먹고 넘어졌던 곳이고, 저쪽 어딘가 우리가 자주 가던 카페가 있었다. 오늘도 너는 저기 어디선가 열심히 하루를 살았을 것이고, 이따금 현실에 지칠 때면 저기 어디메쯤 찾아 아무도 모르게 혼자 울었을 것이다. 그리고 지금, 우리는 여전히 저기 넘어 어딘가에도 내가 마음 놓고 살 수 있는 집이 없고, 여전히 비틀거리며 넘어지며 살고 있다. 그러나 그때처럼 야경은 여전히 아름답고 그 안에서 이곳저곳을 가리키고 있는 나 또한 여전히 설레는 걸 보니 다행히도 난 아직까지 잘 견디고 있는 것 같다.

야경은 무엇 하나 확실한 게 없어 편안하다.
해가 말끔한 한낮, 오백 원짜리 망원경에 눈을 들이밀고 바라보는 세상의 촘촘함으로는 채울 수 없는 느낌이 거기에 있다. 그저 저기 어딘가에 네가 있고, 저쪽 어디쯤 내가 보고 싶은 게 있다고 믿으면 그만인 시간. 야경을 바라보는 일은, 그 어느 것보다 편안하고 아름다운 휴식이다. 살며 가끔 이렇게 북악 스카이웨이를 찾고 팔각정에 올라야 안심이 되는 때가 있다.

마음이 많이 복잡할 때, 삶에 시달릴 때,
관계에 시달릴 때, 내가 사는 이 도시가 팍팍해 견디기 힘겨울 때,
지금쯤 너는 어디 있을까, 하는 생각으로 잠이 오지 않을 때
나는 야경을 보러 그곳에 간다.
그렇게 도시의 밤과 사랑에 빠지고 나면,
견디기 힘든 도시의 낮도 그럭저럭 버텨낼 힘이 생긴다.

말없이 얼마 동안 홀로 서 있는 사이, 다시 내 삶을, 그리고 이 쓸쓸한 도시

를 사랑할 수 있게 된다. 밤이 아니라면 어느 곳 하나 숨어들 곳을 찾지 못하는 너도, 그리고 나도 모두 외로운 사람들. 우리 이것만 생각하기로 하자. 그럼 내가 내 팔을 뻗어 나를 껴안아도 썩 괜찮은 위로가 될 테니.

떠나기 전, 나는, 서울의 야경을 바라보며 잠시 바란다.
내일을 기다리는 사람도, 내일이 오지 않기를 기다리는 사람도 저 화려한 야경 속에서 오늘 밤 만큼은 쓸쓸하지 않기를. 저기 어딘가에서 힘겹게 잠을 청하는 너도 오늘만큼은 편안하게 잠들기를. 밤으로 돈을 버는 이들도, 밤으로 돈을 잃은 이들도 오늘만큼은 저 불빛 속에서 모두 행복하기를. 저 찬란한 불빛 속에서 오늘도 많은 사랑이 이루어지기를. 그리고 나도 더 이상 힘들지 않기를.

다 알 필요는 없어

: 난 아직도 나를 모르겠어.

: 좋겠다.

: 나이 서른인데 아직도 나를 모르는 게 좋은 거야?

: 그럼, 고작 나이 서른에 나를 다 알아버리는 게 좋은 거야?

: 듣고보니 아닌 것 같다.

: 그렇다니까!

밥상 앞에 마주 앉아

할머니의 부엌에는 숟가락이 일곱, 젓가락이 일곱 있다.
도시로 떠난 자식들이 먹던 것인데, 언제 또 돌아올지 모르니 늘 자리를 지키고 있다. 손님들이 오면 그중 몇 개를 내어준다. 그러면서도 식탁에 자식들이 앉아 오붓하게 식사하던 시간을 생각하면 아직도 가슴이 찡하다. 이가 나간 종지에 간장을 붓고, 입맛이 없으면 흰죽을 끓여 간장 한 점 찍어 함께 먹으면 한 끼로 충분하니 오늘 같은 날은 진수성찬이라며 할머니는 몇 안 되는 상 위의 찬을 부끄러워했다. 마당 한켠의 장독에서 막 가져온 김치와 장아찌, 된장과 애기배추, 살얼음이 살짝 올려진 동치미까지… 어느 것 하나 귀하지 않은 게 없는 상을 앞에 두고, 나는 "와! 맛있겠다"는 말을 겨우 참았다. 어떤 말을 꺼내도 감사한 내 마음을 보일 수 없을 것 같았기 때문이다. 그냥 묵묵히 끝까지 맛있게 다 먹으면 내 마음이 보이겠지, 싶었다.

: 뭐이 볼게 있나. 부끄럽지. 그냥 사람이 사는 거지. 다들 오면 심심하게 있다 그냥 가는 거 같아서 미안해.

할머니는 자신이 평생 살아온 곳이 '느리게 사는' 마을로 선정되고, 그래서 찾는 사람이 하나 둘 늘어나는 걸 보며 이렇게 말했다. 그저 살던 대로 살아왔을 뿐인데, 이런 게 귀한 세상이 되었으니 저기 도시의 정신없는 시간을 경험하지 않은 노인은 모든 게 어리둥절한 모양이다. 서울에서의 소란스러움을 어떻게 설명해야 할지 몰라, 나는 고개만 끄덕인다. 이런 느림과 고요

가 이제는 애써 찾아와야 느낄 수 있는 귀한 것들이 되었다는 사실이 새삼 모두 거짓말 같다.

이걸 다 먹을 수 있을까, 고민해야 했던 많은 밥을 어느새 뚝딱 해치웠다. 어쩌다 보니 어르신과 함께 안방에 들어앉았다. 세상 모든 할머니들의 방은 원래 이렇게 생긴 걸까. 돌아가신 우리 외할머니의 방과 너무나 비슷한 할머니의 방. 누렇게 빛바랜 벽에는 재작년에 세상을 떠난 할아버지 사진이 걸려 있고, 그 옆엔 줄줄이 도시로 나간 자식들의 사진이 요리조리 맞붙어 걸려 있다. 오래된 이불 냄새와 모기향이 떨어지며 요기조기 타들어간 장판 위의 얼룩 안테나가 달린 텔레비전과 싸구려 담뱃갑이 놓인 플라스틱 재떨이. 나는 모든 걸 눈물겹게 바라봤다. '쓸쓸'이 덕지덕지 묻어 있는 물건들. 시골에서 하는 일이 '일' 말고 무엇이 있느냐고 할머니는 웃었지만, 아마도 혼자인 외로움을 끌어안고 사는 일만으로도 버거울 것 같았다.
버섯 이야기, 소 이야기, 자식 이야기가 오가고, 드디어 뭐해 먹고 사느냐는 할머니의 질문이 도착했다. 나는 별 볼일 없는 작가라는 얘기, 그렇게 이어지듯 끊어지듯 대화를 하다 보니 어느새 저녁. 이제 점점 해야 할 이야기들은 끝을 보이고 솔솔 저녁잠이 쏟아져 내리는 시점에 할 일이 생각났다는 듯 할머니는 말했다.

: 밥 먹고 가.

나는 늦으면 운전하는 데 애먹어 안 된다고 극구 사양했지만, 그럼 아예 밥 먹고 자고 가라며 할머니는 결국 나를 밥상 앞에 앉혔다. 보글보글 끓는 된장찌개와 점심 때 먹은 찬이 그대로 나온 밥상. 할머니와 나는 그렇게 다시 한 번 마주 앉아 저녁을 함께했다. 어쩌다 보니 그렇게 우리는 두 끼나 밥을 함께 먹은 사이가 되었다.

내게 밥 먹자, 는 말은 마음 좀 나누자, 는 말이다.

함께 밥을 먹었다는 건 이미 마음을 나누었다는 말이고, 밥은 먹었느냐고 묻는 일은 네 마음은 안녕하냐, 는 말의 다른 말이다. 안부가 걱정될 때면 밥 한 끼 먹게 시간 좀 내달라 말하고, 축하할 일이 생기면 축하한다는 말 대신 밥 사줄게, 라는 말로 축하를 대신한다. 밥 한 끼를 함께한다는 것은 그렇게 서로에게 정을 주는 일이다. 내 마음을 보이는 일이다. 낯선 타인에게 받은 두 번의 밥상. 할머니가 내게 차려준 밥상을 앞에 두고 나는 오랜만에 가슴이 참, 따뜻했다. 속이 든든했다. 그리고 젓가락질, 숟가락질과 함께 툭툭 떨어진 내 마음을 어떻게 다시 주워 담아야 하나, 걱정이 되었다.

끝까지 자고 가라는 할머니의 만류를 뒤로하고, 나는 자리를 떠났다. 든 자리는 몰라도 난 자리는 귀신같이 사람 마음을 슬프게 울린다는 걸 알고 있기 때문이었다. 어린 시절, 엄마와 이모들이 시끌벅적하게 놀다 돌아간 뒤면, 몇날 며칠을 한숨만 쉬셨다던 외할머니의 모습을 알고 있기 때문이었다. 책이 나오면 꼭 다시 찾아뵙겠다는 약속을 뒤로하고 나는 다시 길을 나섰다. 집는 반찬마다 자꾸만 내 앞으로 밀어주어 결국 모든 반찬이 다 내 앞에 있던 그 작은 나무 밥상이 생각나 돌아오는 길 내내 마음이 불편했다. 차를 몰고 마을을 벗어나다 가게에 들러 두유 한 상자와 사탕 한 봉지를 샀다. 다시 할머니 댁으로 돌아가 두르고 있던 목도리에 둘둘 말아 대문 앞에 조용히 내려놓았다. 고마운 식사를 대접받고도 마땅히 드릴 게 생각나지 않던 내 마음이 시킨 일이었다.

어쩌면 할머니는 오늘도 자신의 집을 찾은 떠돌이 여행자를 위해 따뜻한 밥 한 끼 지어주고 있을 것이다. 아무런 경계 없이 꾹꾹 넘칠 만큼의 밥을 떠주고, 텃밭의 채소를 뚝뚝 잘라다 국을 끓이고 아랫목을 내어주며 두런두런 말을 걸고 있을 것이다. 아마도 그럴 것이다. 내게 그랬듯이, 세상 모든 자식들을 위한 할머니의 마음은 오늘도 따뜻한 나무 밥상 위에서 분주히 오가고 있을 것이다. 부디 오래오래 건강하시길.

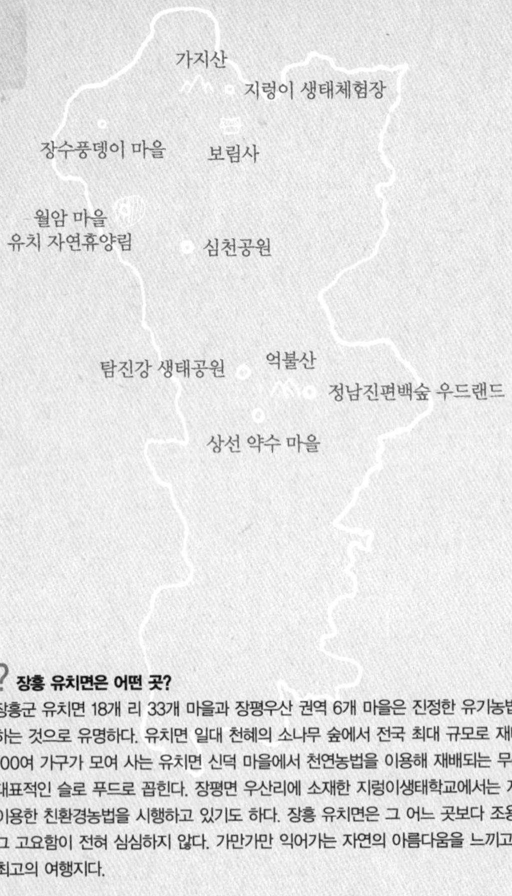

가지산
지렁이 생태체험장
장수풍뎅이 마을
보림사
월암 마을
유치 자연휴양림
심천공원
탐진강 생태공원
억불산
정남진편백숲 우드랜드
상선 약수 마을

? 장흥 유치면은 어떤 곳?

장흥군 유치면 18개 리 33개 마을과 장평우산 권역 6개 마을은 진정한 유기농법과 순환농법을 하는 것으로 유명하다. 유치면 일대 천혜의 소나무 숲에서 전국 최대 규모로 재배되는 표고버섯과 100여 가구가 모여 사는 유치면 신덕 마을에서 천연농법을 이용해 재배되는 무공해 농산물은 대표적인 슬로 푸드로 꼽힌다. 장평면 우산리에 소재한 지렁이생태학교에서는 지렁이 분변토를 이용한 친환경농법을 시행하고 있기도 하다. 장흥 유치면은 그 어느 곳보다 조용한 곳이다. 그런데 그 고요함이 전혀 심심하지 않다. 가만가만 익어가는 자연의 아름다움을 느끼고 싶은 이들을 위한 최고의 여행지다.

장흥 유치면으로 가는 길

승용차

서울에서 장흥까지 고속도로를 이용하면 3시간 30분에서 4시간이면 올 수 있다. 장흥 읍내에서 유치면까지 교통편이 부족해 승용차로 이동하는 게 편리하다.

대중교통

기차 전국 어디서든지 광주역에 도착 후 광천고속터미널로 이동해 장흥행 시외버스를 이용한다(1시간 20분 정도 걸린다).

버스 서울에서 장흥까지 하루 3회(주말 4회) 운영하고 있다. 월~목 08:50 15:40 16:50 금~일 08:00 08:50 15:40 16:50. 약 5시간 소요된다. 서울에서 광주를 찾은 후 광천고속터미널에서 하루 4회 운행하는 시외버스를 이용해도 된다(06:42 11:20 15:05 18:55).

장흥 유치면의 명소

반월 마을(장수풍뎅이 마을) 원래 반월 마을은 유기농 논농사와 참나무를 이용해 표고를 재배하는 것으로 알려졌으나, 장수풍뎅이를 기르면서 장수풍뎅이 마을로 더욱 유명해졌다. 해마다 7월 말, 장수풍뎅이가 성충이 되는 시기에 '장수풍뎅이 축제'가 열린다. 그 밖에도 장수풍뎅이 생태 관찰 체험, 표고버섯 따기, 물놀이 체험, 대나무 물총놀이 등 갖가지 즐길거리가 마련되어 있어 가족과 함께 찾으면 좋다.

월암 마을 유치 자연휴양림 400여 종의 다양한 수목이 분포되어 있는 유치 자연휴양림. 푸르고 상쾌한 나무들에 둘러싸여 걷다보면 몸도 마음도 모두 깨끗이 정화되는 느낌을 만끽할 수 있다. 물놀이장과 산책로, 등산로, 야영 데크도 갖추고 있어 하룻밤 묵기에 충분하다.

보림사 가지산(510미터) 봉덕 계곡에 위치한 고찰. 인도, 중국, 한국 등 세 곳에 있는 보림사 중 하나로 장흥 보림사에 가장 먼저 선종이 들어와 정착했다고 한다. 육중하고 당당한 경내를 주변의 산이 포근히 둘러싸고 있다. 철조비로자나불좌상(국보 117호), 불국사 석가탑을 닮은 3층 석탑 및 석등(국보 44호) 등 문화재를 보유하고 있다. 사시사철 아무 때나 방문해도 제각기 아름다워 아무 때나 찾아도 좋은 곳이다. 보림사 주변의 50~60년이 넘은 비자림과 자연 상태 그대로 자생하고 있는 야생 녹차단지에서 녹차를 맛보고 산림욕을 즐길 수도 있다. T. 061.862.2055

장흥 유치면의 맛집

덕인 한정식이 푸짐하다. T. 061.863.0082

식녹원관 한정식. T. 061.863.6622

명동식당 쌈밥정식. T. 061.863.2020

보림산장 닭 백숙이 유명하다. 유치면 봉덕리 165-1 T. 061.864.6939

천년다원 산채 비빔밥, 동동주, 표고전이 맛있다. 유치면 봉덕리 45-1 T. 061.854.1991

용소산장 민물 매운탕을 찾는 손님들이 많다. 유치면 신풍리 T. 061.863.8876

가지산 전통마을 유치면 봉덕 1구의 이 마을을 찾으면 직접 재배한 콩으로 만든 청국장과 표고버섯을 이용한 각종 먹을거리를 맛볼 수 있다. 청국장 만들기 체험도 가능하다.

장흥 유치면의 잘 곳

유치 자연휴양림 유치면 신월리 산 2-5(객실수 16동) www.yuchi.or.kr, T. 061.863.6350

가지산 민박 유치면 대천리 624-5 T. 061.864.3456

진송관광호텔 장흥 읍내에 위치. T. 061.864.7775

slow trip 5

하동

돌아오는 길은, 떠나는 길보다 늘 몇 배는 길다.

노곤해진 몸과 아쉬운 마음은 물론이요, 나를 아는 여행지의 풍경들이
내 뒷모습을 잡아끄는 탓일 거다. 그런데 이번 여행은 유독 더 힘들고,
더디다. 더 있다가고 괜찮지 않느냐고, 늘 겪는 일상의 지루함과 피곤함을
왜 그리 떨치지 못하느냐고 묻는 듯한 '느린 삶'을 가진 사람들이
내 손목을 다시 잡아끄는 것 같다.
인간이란 사랑을 하고, 그 사랑에 아파하는 동물이다.
사람이 사랑하고, 그 사랑을 잊기까지에는 사랑한 시간의
곱절의 시간이 필요하다고 했다.
슬로 시티에서 돌아오는 길이 유난히 긴 이유도
결국 사랑과 별로 다르지 않다는 생각이 든다.
마음을 나눠주고, 그 마음을 다시 거둬들이는 일에는
역시나 곱절의 시간이 필요한 거다.
누구에게나.

슬로
슬로
퀵퀵

슬로 슬로 퀵퀵。

어린 시절엔 그 말이 무슨 마법의 주문인 줄로만 알았다. 그건 우연히 본 텔레비전 속 풍경의 영향이 컸다. 그다지 멋있게 생기지 않은 아저씨가 슬로 슬로 퀵퀵하며 스텝을 밟을 때마다 뭇 아주머니들의 마음이 그에게로 휘휘 헝클어진 스텝처럼 말려들어가는 모습이 참 신기했다. 아주머니들은 슬로 슬로 리드당하다, 퀵퀵하는 결정적인 순간 마치 광고 속 한 장면처럼 허리가 휙 꺾인 채 바람끼 많은 사기꾼 춤꾼에게 마음을 빼앗겼다. 그러니 그게 마법이 아니고 무엇이란 말인가. 저렇게 멋있지 않은 사람도 사랑에 성공할 수 있는 주문이 있다니. 슬로 슬로 퀵퀵. 그 말이 주는 여운이 즐거웠던 걸까. 그 시절 사람들은 너도나도 슬로 슬로 퀵퀵하며 드라마 속 최주봉 아저씨를 흉내 내곤 했다.

C동 주민센터의 스포츠 댄스 수업시간. 하얀 백발을 가지런히 빗어넘긴 할아버지와 예쁜 댄스복을 입은 할머니들이 짝을 지어 춤을 춘다. 어설프지만 동작 하나 스텝 하나 허투루 하는 법이 없이 모두가 진지한 얼굴들이다. 부러 쑥스러움을 감추고 있는 것인지, 아니면 스텝이 꼬여 창피를 당할까봐 긴장을 한 것인지 다들 입술을 꼭 깨물고 터질 것 같은 웃음을 참는 듯한 얼굴이다. 주름이 깊게 팬 손으로 상대방의 손을 잡고, 지금껏 서로가 서로에게 그래왔듯 양보하고 기대며 스텝을 밟아 나간다. 그러다 서로 스텝이 흐트러지면 참았던 웃음보를 터트리기도 하고, 또 괜찮다며 위로를 건넨다. 이제

인생의 저물녘에 서서 한 발쯤 물러서 인생을 관망하는 시기. 그래서인지 그들의 모습에서는 한 치의 오기도 보이지 않았다. 그것은 멀어지는 젊음을 애써 잡아보겠다는 의지도, 사라져가는 자신의 존재감을 춤을 통해 확인하겠다는 의지도 아니었다. 그저 이제는 서로에게 기대어 편안히 춤을 추고 싶을 때가 되었을 뿐이라는, 그 이상도 그 이하도 아니라는 듯 진지하지만 무겁지 않았다. 느리고 빠른 흐름의 반복, 그 흐름으로 한 폭의 그림이 되어가는 춤, 그 안에도 슬로 슬로 퀵퀵이 있었다. 그렇게 강사가 선보이는 동작의 동선들을 하나하나 이어나가는 사랑스러운 노부부들의 모습에서 나는 실로 오랜만에 슬로 슬로 퀵퀵의 로맨스를 보았다.

살며 생이 가진 여러 가지 측면들을 고민하게 된다.
왜 사랑 다음에는 이별이 오는지, 왜 만남 다음에는 헤어짐이 있는 건지, 왜 익숙함 다음에는 지루함이 따라오는지, 도대체 왜 너무 기뻐도 살기 힘들고 너무 슬퍼도 살기가 힘든 건지, 그러니까 왜 슬로 슬로 다음에는 퀵퀵이 있어야 하는 건지 이해가 가지 않았다. 그냥 쭈욱 행복하고, 변함없이 상행곡선만 탈 수는 없는 걸까. 삶은 불공평한 느낌으로, 그러나 야속할 정도로 공평하게 행복과 불행의 저울을 절묘하게 움직인다. 삶이라는 녀석은 행복하다 싶으면 느닷없이 불행의 의미를 알게 하고, 불행하다 싶으면 난데없이 행복의 기회를 가져다준다. 날실과 씨실이 교차하며 옷감이 짜이듯, 삶은 나를 그렇게 울게 하고 웃게 하며 내 인생을 실뜨기하듯 진행시켜준다.

그런데 넋을 놓고 노부부들의 스텝을 바라보다 문득 그런 생각이 든다. 그것이 생이 가진 동선이 아닐까, 라는. 이렇게 저렇게 스텝을 밟으며 하나의 춤이 완성되듯이, 우리의 삶도 사랑 다음에는 이별을, 만남 다음에는 헤어짐을, 여기와 저기, 이것과 저것을 오가며 균형을 잡듯 자연스럽게 하나의 작

품을 완성하는 게 아닐까 하는 생각이 든다. 빠르게 살았으면 조금은 느리게 사는 순간도 있어야 한다는 걸, 나를 온전히 버리고 살았으면 때론 나만 온전히 사랑하며 사는 때도 있어야 한다는 걸, 하늘 높은 줄 모르고 치솟을 때가 있었다면 하염없이 추락해볼 필요도 있다는 걸 말이다. 그러니 하등 이상할 것도 서운해할 것도 없다는 생각이 든다. 단순하게 생각하면 되는 거다. 슬로 슬로 살아왔다면, 퀵퀵할 때도 당연히 와야 하는 거라고, 그래야 사랑도 되고, 삶도 이루어지는 거라고.

이제 우리 인생을 즐기자, 춤을 추듯이.

안 될 때가 있으면 될 때도 있는 것. 그러니 서운해 하지 말고, 조급해 하지 말고, 사랑하는 이의 눈을 바라보며 살아가자. 사랑하는 이가 없으면 또 어떠랴. 그럴 때에는 거울 속 내 눈을 의지하며 살아가기로 하자. 우리 모두 다 함께 슬로 슬로 퀵퀵.

326.327 하동

나 홀로 박물관

빗살무늬토기 앞에서 잠시 멈춰 선다。
언젠가 교과서에서 본 적이 있는 선사시대의 유물. 나는 그 앞에서 멍하니 아주 오랫동안 마음을 내려놓는다. 그다지 볼품도 없고, 아름답지도 않은 그것이 오늘따라 내 마음을 잡아끄는 이유는 오직 하나. 그것의 생김이 아니라, 그것이 고스란히 끌어안고 있는 시간이다. 수천 년이 넘는 시간을 묵묵히 견뎌오다 사람들의 손에 발견된 시간의 산물. 지금 나는 천천히 천천히, 느리게 느리게 그것을 들여다보며 나른한 현실의 시간 위로 수천 년의 시간을 덮어씌우고 있다.

박물관을 찾고 싶을 때가 있다。
혼자 가는 카페나 극장, 서점이 지겨울 때, 그러니까 누군가와 함께 마주앉고 싶지만 말은 하고 싶지 않을 때, 혼자 있으려니 도무지 마음이 잡히지 않을 때. 어떻게든 쉼 없이 움직여야 마음이 놓일 것 같을 때, 그렇게 잡념을 떨칠 수 있도록 한눈을 팔 데가 필요할 때. 그럴 때에는 나보다 오랜 시간을 온전히 견뎌온 무언가를 마주하고 싶어진다. 그리고 결국 견디는 것만이 존재한다는 사실을 스스로에게 각인시키고 싶어진다. 그럴 때면 나는 국립중앙박물관을 찾곤 한다. 비록 세계 곳곳에 자리한 유명 박물관보다 화려하지는 않지만 그 시간이 내겐 커다란 위로가 된다. 버스를 타고, 혹은 지하철을 타고 제법 걸어 찾아가더라도 그날만큼은 오래 걸어도 지치지 않는 여유가 생긴다.

정적. 이따금 들려오는 사람들의 구두 소리. 커다란 창을 통해 들어오는, 햇살의 냄새인지 시간의 냄새인지 알 수 없는 슬며시 풍겨오는 그 냄새. 표를 끊고 박물관 안으로 들어서자마자 마음이 번쩍 눈을 뜬다. 여전히 변함없는 공간. 가끔 열리는 특별전을 제외하고, 가끔 사정으로 인해 교체되는 유물들을 제외하고 늘 그렇게 그 자리에 있는 유물들. 그러나 아무리 보고 또 보아도 지루하지 않은 그것들. 그건 아마도 매번 그것에 눈을 두는 내 마음이 다르기 때문이리라. 매번 다른 마음으로 같은 걸 보니 지루할 겨를이 없는 것이리라.

한때는 신라시대의 금관이나 장신구들에 넋을 잃었고, 또 한때는 그보다 오래 전 토기나 청동기들에게, 또 어느 때는 조선시대 왕족들의 의복에 마음을 빼앗겼다. 때마다 내겐 좋거나 슬프거나 나쁘거나 우울한 일들이 있었고, 그때마다 나는 눈이 닿는 물건 하나하나에 이런저런 마음들을 풀어 놓았다. 어쩌면 내가 바라보는 저것들이 아무렇지 않은 일상이었던 시절에 한두 번쯤 태어났을지도 모른다는 생각을 하면 웃음이 툭 터져 나오곤 했다. 민무늬토기 앞에서 우물쭈물거리고 있는 과거의 나, 혹은 정조가 통치하던 시절, 임금님의 용안은 어떻게 생겼을지를 상상하며 한복을 입고 있는 과거의 나를 상상하는 것 말이다. 그럴 때면 현실의 나를 잠시 잊을 수 있었다.

아이들을 데리고 온 부모나 연인들을 제외하면 오후의 박물관을 혼자 찾는 사람은 그리 많지 않다. 지나간 것들에 관심을 갖기엔 현실에서 볼 것이 너무나 많은 게 지금 여기의 모습이니까. 그래도 어쩌다 박물관에서 홀로 느긋하게 시간을 즐기는 사람을 만나면 나도 모르게 그 얼굴을 유심히 훔쳐보게 된다. 오랜 과거를 들여다보는 현재 그 사람의 마음은 어떠할까 궁금해서이다. 당신도 지금의 나처럼 여기저기가 불안한지, 아니면 한없이 권태로운지,

의미 없는 민무늬토기 같은 것들을 보며 눈물을 글썽이는 당신과 나를 어떻게 설명해야 좋을지 생각하기 위해서이다. 보통날의 오후. 낮술도, 다툼도, 그것도 아니라면 생각 없는 긴 잠을 모두 접어두고 박물관을 찾은 그 마음을 누가 알아줄 것인가. 그런 마음으로 내가 훔쳐본 사람들은 이렇다 할 표정은 없지만, 신기하게도 모두 이해할 수 있는 얼굴을 갖고 있었다.

이리저리 걷다 명성황후의 국장도감의궤 앞에서 걸음을 멈춘다.
일본인들에게 잔인하게 시해를 당하고도 한참이 지난 후에야 장례를 치를 수 있었던 명성황후. 장례 행렬은 고종의 뜻에 따라 무척 화려했다고 한다. 비록 복제품이지만 그때의 모습이 그림으로 자세히 남았다. 그림 속에서 서글픈 곡소리가 들려 나오듯 해 그림 속 한 사람 한 사람의 얼굴을 한참동안 들여다본다. 사도세자의 묘비 앞에서는 잘 읽지도 못하는 한문을 오래도록 바라본다. 시대가 가한 압박을 견디지 못하고 아들을 죽여야 했던 영조의 마음이 묘비의 한 글자 한 글자마다 새겨진 듯하다. 아들의 묘 곁에 세울 묘비를 친히 한 자 한 자 써내려가던 영조의 마음은 어땠을까. 그때만큼은 일국의 왕이 아닌, 자식을 잃은 아비의 마음이었겠지. 박물관에서, 나는 이렇듯 일면식도 없는 역사 속 인물들에게 애틋함을 느끼며 내 마음을 풀어놓는다. 역시나 이렇게, 내가 나에게 주는 두서없이 막막한 위로가 가장 쓸 만하다.

잠시 밖으로 나와 벤치에 앉는다. 나른하게 비치는 햇살이 포근하다. 이제 이곳을 나서면 어디로 가야 할까. 그냥 집에 가기는 싫은 그런 날. 조금 피곤해진 다리를 주무르며 생각하다, 마땅히 갈 곳도 없는데 그냥 여기 더 있자고 결정한다. 걸으며 보고, 보다가 다리가 아프면 마음껏 쉬고, 집에 돌아가는 길에 맛있는 커피 한 잔 사먹기로 마음을 먹는다. 슬픈 영화를 혼자 보며 우는 일이나, 슬픈 역사를 혼자 들여다보며 우는 일은 결국 같은 건지도 모른다. 어차피 스스로 견디며 위로하는 일. 사랑도, 믿음도, 내가 만든 나의 역사도, 결국 견디는 것만이 존재할 테니 말이다.

자리를 털고 일어서다 박물관에서 스치고 지나간 한 사람이 다시 내 곁을 지난다. 그 역시 서글픈 마음에 나 홀로 낮술을 포기하고 박물관을 찾았는지 모른다. 그는 역사관으로 걸음을 옮긴다. 나는 조용히 그의 뒤를 따라 역사관으로 걸음을 따라 옮긴다. 또각또각 그와 나의 구두 소리가 조용한 공간에 함께 울린다. 이렇게 걷다 보면, 아마 발해실이나 고구려실 쯤에서 다시 한 번 스치게 될 것이다.

찻물에
마음을 띄워

하동에는 녹차 밭이 하늘처럼, 산처럼 있었다.
초록빛 구름이 둥실둥실 뭉쳐 있는 것처럼 높은 곳에 나무 대신 찻잎들이 일렁거렸다.

언젠가 오랜 친구의 집에서 웬일인지 술 대신 차를 내어준 적이 있었다. 가만히 앉아 오랜만의 침묵을 마주 놓고 마신 차는 흔히 볼 수 있는 녹차였다. 그런데 그 흔하디흔한 녹차의 맛이 그날따라 너무 깔끔하고 깊었다. 어디에서 가져온 차냐고 묻자, 친구는 하동에서 가져온 '우전雨前'이라고 했다. 매년 4월 20일 곡우 이전에 수확한다는 작고 여린 귀한 차 우전. 그날 나는 몇 잔의 차를 연거푸 달게 마시고 집으로 돌아왔다. 그리고 언젠가 꼭 하동을 찾아 우전이든, 세작이든 한 아름 사들고 돌아와야지, 하는 생각으로 잠들었다. 그리고 지금, 그만큼의 시간이 흐른 후 그때 친구가 말했던 향기로운 야생 녹차 밭의 풍경이 내 눈앞에 펼쳐지고 있다. 어떻게 끌어안아야 좋을지 모를 아름다움. 하동은 정말이지 불어오는 바람 한 점에도 향기를 품고 있는 맑은 곳이다.

여자들이 바삐 녹차 잎을 따고 있다.
장시간 햇살 아래 노출되어야 해서인지 몸 구석구석을 모두 가린 모습이다. 슬쩍 걸어가 들여다보니 재빠른 손으로 소쿠리에 찻잎을 따내고 있다. 이따금 커다란 웃음소리가 작은 폭죽 터지듯 들려온다. 그렇게 여자들의 웃음을 아무 이유도 없이 따라 웃으며 푸른 녹차 밭에 넋을 잃었다. 저렇게 빳빳하고 질겨 보이는 잎에서 어떻게 그런 차 맛이 우러나는 건지 연신 머릿속에 물음표만 찍어대면서.

차밭에서 만난 한 아주머니는 하동에는 개인 소유의 녹차 밭이 많다고 했다. 그래서인지 제각기 차를 덖는 방법도, 유념하는 방법도 조금씩 다른 모양이었다. 어느 집에서는 솥에 차를 덖고, 또 어떤 집에서는 도자기 위에 차를 덖는단다. 하지만 걱정할 필요는 없다. 저마다 다른 방식으로 만들어낸 차 맛은 조금씩 다르지만 정성은 같아서 한결같은 깊은 맛을 내니까 말이다. 그렇게 몇 시간을 녹차 밭에 둘러싸여 걸어다녔다. 만나는 사람도, 오가는 사람도 모두 녹차의 기운을 받아 건강해 보였다. 얼굴빛도, 눈빛도, 웃음빛도 모두 우러난 찻물처럼 맑고 투명했다.

찻잎은 볶지 않고 덖는다고 말한다。
덖는다는 것은 적당히 달군 솥이나 도기 위에서 찻잎을 타지 않을 만큼 빠르게 볶아내는 걸 말한다. 찻잎 고유의 쓴맛을 제거하고 수분을 증발시키며 잎을 연하게 만들기 위한 과정이다. 그렇게 덖는 과정을 마치면, 이름도 낯선 '유념(비비기)'이라는 단계를 거친다. 유념이란, 덖기를 끝낸 찻잎을 이리저리 비벼 찻잎에 상처를 내는 과정이다. 그 상처의 틈새로 찻잎을 우려냈을 때 더 진한 향기와 맛이 우러나온다고 한다. 제 가슴에 상처를 내며 더 큰 사랑을 주는 누군가처럼, 상처를 안겨준 후 그것이 사랑이었음을 깨닫는 것처럼, 그렇게 우러난 추억이 결국엔 향기로 남는 것처럼 녹차 잎은 유념이라는 과정을 거치며 우리네 마음을 달래는 깊은 향기를 머금은 차로 거듭난다.

좋아하는 이와 차를 나눈다。
하동에서 가져온 녹차를 놓고서. 가볍게 티백으로 즐겨도 좋지만 기회가 닿는다면 있는 그대로 다관에 넣고 직접 우려내 마시는 게 좋다. 당연히 더 깊고 진한 향을 느낄 수 있으니까. 다기는 차의 빛이 잘 보이도록, 희고 밝은 게 좋다. 적당히 식힌 물에 찻잎을 넣고 차가 우러나기를 기다린다. 고요한 시간. 잠시 후, 우리는 우려낸 녹차를 따르고 서로 말없이 앉아 있다. 말이 오가지 않는다고 해서 어색하지는 않다. 그렇게 오로지 차에 집중하며 차를 마시는 동안은 침묵도 대화가 된다. 차를 우려내는 시간부터 마시는 시간까지, 이렇듯 차를 나누는 과정은 그 하나하나가 '정신'이 된다. 흐트러진 마음을 반듯하게 잡아준다. 그렇게 다관에서 차가 우러나고, 작은 찻잔에 차를 따라 붓는다. 또르르 찻물 떨어지는 소리가 참 좋다. 한 모금 두 모금… 순간 전통적인 다도를 배우지 못한 내가 제대로 음미하고 있는지 의심이 간다. 하지만 이내 이만한 향기로도 충분하다는 생각이 들자, 그냥 이대로 음미하고 마시는 것도 괜찮다는 생각이 든다. 좋아하는 사람이 곁에 있고, 향기로운 차가 앞에 있으니 나머지는 좀 나중에 배워도 좋지 않을까.

따뜻한 찻잔을 손에 쥐고 향기를 마신다. 그윽하고 맑은 향기.
한 모금 마시자 따뜻한 온기가 온몸을 감싼다. 동시에 입에서 터져 나오는 말. '아, 참 좋다.' 녹차는 기본적인 효능을 제외하고도 향기로 병을 치유하고, 온기로도 병을 치유하는 능력을 갖고 있다. 때로는 약이 되고, 때로는 위로가 되고, 때로는 대화도 되니 이보다 놀랍고 고마운 게 또 있을까 싶다.
좋아하는 사람과 차를 마시는 시간이 나는 참 좋다. 하동에서 바라보던 끝없는 차밭의 푸른 풍경이 그 속에 들어 있다. 혹여 서운함이 있더라도, 미안함을 전하고 싶더라도 일단 몸과 마음을 따뜻하게 덥힌 후에 털어놓아도 늦지 않은 법. 그러니 그전에 우리, 잠시 따뜻한 차 한 잔 나누는 건 어떨까. 여기 미움도 서운함도 다 낫게 하는 따뜻한 차 한 잔을 당신에게 따라줄 테니.

물건 한 점 마음 한 점

그 이름도 유명한 화개장터。
있을 건 다 있고 없을 건 없다는 그곳은 생각보다 한산했다. 도시에서는 볼 수 없는 '푸른' 것들을 사고파느라 북적일 줄 알았는데, 소박한 식용품보다는 관광객들을 위한 약재상들이 더 많았다. 뭔가 굉장히 향토적인 분위기를 기대한 나 같은 여행자에게 화개장터는 조금은 안타까움으로 다가오는 곳이었다. 그래도 어쨌든 시장은 시장. 이제 막 봄이 오기 시작한 그곳에는 넘쳐나는 사람들만큼이나 넘치는 사람의 마음이 들어 있었다.

장날이면 버스를 타고 삼십 분을 달려 장터에 나와 그간 캔 나물이며 손수 키운 채소들을 파신다는 할머니. 내가 그 앞에 쪼그려 앉으니 고목 같은 손으로 향긋한 냉이를 푹푹 담으신다. 오늘 막 따셨다는 쑥갓도 담다보니 한 아름이다. 겨우 2,000원어치인데, 저렇게 퍼 담아도 되는 건지 걱정스럽다. "할머니, 조금만 주셔도 되요. 많이 파셔야죠"라고 걱정하는 내게 할머니는 되려 씩씩한 목소리로 말씀하신다.

: 손과 마음이 저울인 거야. 너무 눈금대로 살믄 세상이 각박해지재.
아가씨, 많이 줄 때 얼른 가져가.

이제는 관광지가 되어 버린 듯한 수많은 약재 상점들 사이에서 만난 참 좋은 인연. 웃으며 돈을 거슬러주시는 할머니 곁에 놓인 몇 개의 고무대야에는 집

에서 따오신 오이며, 작은 애호박들이 얌전히 앉아 있다. 30분 남짓 버스를 타고 들어가야 한다는 할머니의 집 풍경이 고스란히 보이는 듯해 웃음이 났다. 풍선처럼 부푼 검은 봉지를 들고 숙소를 향하는 길. 발걸음이 가볍다. 세월과 함께 많이 변해버렸다지만, 그래도 이곳 화개장터를 따뜻하게 기억할 수 있는 이유가 생겼으니까.

재래시장에서는 늘 사람의 마음이 물건과 함께 딸려온다.
사람의 마음이 듬뿍 담긴 재료로 지은 음식은 그래서 사람의 마음을 살찌우고, 누군가를 위해 한쪽을 덜어도 전혀 아프지 않은 따뜻하고 건강한 가슴을 만들어준다. 한두 개쯤 더 담아주어도 전혀 아깝지 않은 마음. 대신 다음에 또 오면 족하다는 그 한마디. 화개장터 사람들이 내게 보여준 마음씀씀이는

대형 마트에서 만나게 되는 차갑게 묶인 '1+1'의 현혹과는 다른 뿌듯함이다. 편하게 밀고 다닐 카트는 없지만, 코끝을 간질이는 향기는 없지만, 그램 수마다 가격표도 붙어 있지 않지만, 그래서 더욱 '살맛'이 나는, 그래서 더욱 '살生 맛'이 나는 재래시장이 나는 참 좋다.

마음 끝에 저울이 달린 재래시장의 할머니들은, 그렇게 오늘도 오가는 손님들에게 물건 한 점에, 마음 한 점을 함께 얹어주고 계신다. 내가 만난 화개장터의 마음 넉넉하신 할머니처럼.

서른 살의 강

서른이 되면, 나는 굉장히 멋지게 살고 있을 줄 알았다.
언젠가 읽은 『서른 살의 강』이라는 책을 보며 누구에게나 서른이란 커다란 강을 건너는 것과 같다고 생각했다. 그래서 그 강을 건너고 나면 강 이편과는 전혀 다른 세상을 살게 되는 줄 알았다. 그런데 막상 서른이 되고 보니, 정작 내가 만난 '나의 서른'은 전혀 그렇지 않다. 나의 서른은 깊고 넓은 강을 애써 건너온 것이 아닌 얕은 개울물을 맨발로 저벅저벅 건너온 것처럼 부지불식간에 다가왔다. 마음 단단히 먹고 건너왔다기보다, 걷다 보니 나도 모르게 건너왔다, 는 말이 맞을 것 같다.

누구나 그렇겠지만, 이십 대 초반의 나에게 스물여덟 이후의 생활은 그야말로 너무 먼 이야기였다. 몇몇 시시한 남자애들은 여자란 스물여덟부터는 더 이상 여자가 아니라고 했고, 언젠가 책상 정리를 하다 발견한 내 인생계획표에는 서른 살엔 내 집이 있고, 내 차도 있고, 아이도 둘 정도 있다, 는 실로 어이없는 구절이 적혀 있었다. 분명 내 글씨로, 또박또박. 아마 열서너 살쯤 적어둔 것 같았다. 그만큼 어린 시절의 내게 서른이란, 그야말로 건널 수 없는 강처럼 넓고 두려운 나이였다. 그 두려운 강을 건너는 것이기에 나는 절대로 우울하거나 우중충하게 살고 있지 않을 거라는 자신감이 있었다.

어느덧 추적추적 가랑비에 온몸이 젖는 줄도 모르고 걷듯이 생은 흘러갔다. 그렇게 나는 서른이 되었다. 사랑하고 연애하며 고민하는 사이에 이렇게 흘러왔다고 하면 너무 허무해 보이지만, 나의 29년을 설명할 도리가 내겐 없다. 그나마 그 사이 이룬 게 있다면, 멈추지 않고 글을 써왔다는 것 정도. 하지만 지금 내 모습은 이십 대 초반과 별반 다를 게 없다. 여전히 경제적으로 여유롭지 못하고, 사회적 위치는 애매하며 남들은 든다는 철조차 나는 들지 못했다.

2에서 3으로 내 나이의 앞자리 숫자가 바뀌는 순간, 사람들은 내게 무엇을 기대할까. 혹시 나도 사회가 바라보는 시선이 두려워 어깨가 움츠러드는 건 아닐까, 라는 생각이 든다. 해서 여자에게 서른이란 정말이지 고민스러운 숫자가 아닐 수 없다. 사실 남녀를 구분 짓지 않더라도, 세상의 모든 서른이 그렇겠지만….

성숙이란 '쓸쓸함'의 다른 말이 아닐까 고민한 적이 있었다.

성숙하다는 건 상처에 익숙해진다는 것,
그 상처에 무덤덤해지는 기술이 는다는 것이 아닐까, 생각했었다.

그래서 나는 성숙해졌다나, 철이 들었다는 말을 들으면 괜히 마음 한 구석이 서글퍼진다. 정말 그 상처가 괜찮아지는 나이가 과연 있을까 싶어서, 그저 모두들 그냥 익숙한 척, 무덤덤한 척하며 살아가는 게 아닐까 라는 생각이 드는 것이다.

그래도 사람들이 서른을, 생이 돌변하는 시기로 점찍어둔 걸 보면, 누구나 서른 즈음엔 무슨 수를 써서라도 성숙해져야 한다는 숙제를 짊어진 모양이다. 하지만 대부분 그 숙제를 풀지 못할 것 같은 예감 때문에, 그리고 실제로

도 그렇지 못하기 때문에 전전긍긍한 채 그 서른을 이리저리 운운하는지도 모르겠다는 생각이 든다. 모든 면에서 성숙해지고, 내 집이 있고, 차도 있고, 멋진 남편(혹은 아내)과 아이가 있는 삶을 꿈꾸었던 서른은, 그래서 외롭다. 난데없이 낙오 당하는 기분을 어쩔 수 없다. 세상이 겨우 서른쯤 되는 나에게 그런 걸 쥐어 줄 리가 없는데도, 괜히 내가 자격이 없어 이 정도 밖에 못 사는 건 아닌가, 라는 착각에 빠지는 거다. 서글프게도. 심지어 나는 20대에 무얼 하며 살았나, 라는 생각도 들게 된다. 좀 더 바쁘게 살 걸, 좀 더 정신없이 제대로 살았다면 이보다 나은 삶을 살았을 텐데, 라는 후회가 밀려오는 것이다. 그렇게 자꾸만 심연의 땅을 파고, 아래로 아래로 추락하게 되는 것이다. 사실 우리는 이십 대에 참 많은 것을 했는데…. 나이가 들면 누가 하라고 등을 떠밀어도 하지 못하는 많은 것들을 했는데 말이다.

2010년의 첫날, 새로운 해가 떠오르던 날。
나는 마음속으로 '서른이다!'를 외치며 이제 할 수 있는 말이 더 많아져서 좋다, 고 생각했다. 그렇지 않아도 늘 노인네 같은 소리만 한다고 주변으로부터 이런저런 잔소리를 들어온 나에게 서른은 그런 핀잔을 덜 듣고도 하고 싶은 말들을 할 수 있는 나이라는 생각이 들었다. 그런데 막상 서른이 되고 보니, 그저 생일 케이크에 큰 초 세 개만 덜렁 꼽으면 되는 나이였다. 그래서 더욱 허전했다. 하지만 돌이켜 보면 우리는 열다섯에도 쓸쓸했고, 스무 살에도 그랬으며, 스물셋과 스물일곱 모두 다 그러했다.

결국 고민 없는 나이란 없는 거다.
그저 그 나이에 충실했느냐, 그렇지 못했느냐의 문제일 뿐.

그래서일 것이다. 서른도, 그중 하나일 뿐이라는 생각이 드는 건. 쓸데없이 엄숙해질 필요도, 하릴없이 쿨할 필요도 없다. 세상이 정해놓은 서른이라는 강을 건넜다면, 이제 새로 발을 디딘 강 건너편에서 또 다른 여행을 시작하면 될 일이다. 아직 손에 쥐어지지 않은 것들을 서른이라고 해서 두려워하지 말자. 벌써 서른이 아니라, 이제 겨우 서른이니까. 그렇게 생각하니 마음이 편해졌다. 나도 모르게 개울을 건너듯 자박자박 걸어 들어온 서른이니, 좀 더 첨벙첨벙 놀다 가겠다고 한들 누가 뭐라고 할 수 있을까.

그러니 우리, 서른의 무게에 너무 강박을 갖지 말기로 하자. 새로운 나는 필요 없다. 지금껏 살아온 것처럼 별일 있었냐는 듯 심드렁하게 대처할 수 있다면 그것이 바로 진정한 서른이 되는 방법일 테니까. 서른은 모든 잔치가 끝난 후의 뒤치다꺼리 같은 나이라 말했던 시인도, 서른 즈음이 되니 비어가는 내 가슴속엔 더 아무것도 찾을 수 없다 노래했던 가객도, 아마 지금쯤이면 고작 나이 서른에 왜 그렇게 심각했을까를 생각하며 웃고 있을지도 모를 테니까. 그리고 그건 불혹을 앞둘 때에도, 아니 지천명에 다다랐을 때에도 다를 바 없을 것이다.

슬픈 말,
좋은 말

누군가 내게 세상에서 가장 슬픈 말이 무엇이냐고 물었다.

나는 조금 생각해보다 '엄마와 딸'이라고 대답했다.

그가 다시 물었다.
그럼 세상에서 가장 좋은 말이 무엇이냐고.

나는 역시나 조금 생각해보다 대답했다.

엄마와 딸.

아무리 생각해도 내겐,
그것보다 많이 슬프고 더 좋은 말이 없다.

최참판댁
Choichampandaek
상평마을회관
주 차 장
Parking lot
"토지" 세트장
Drama, Toji Set Location
평사리문학관

서희네 집

천천히 걸어도 조바심이 나지 않는다.
아직 시간도 많은데, 좀 더 천천히 둘러보아도 괜찮을 거란 생각이 자꾸 맴돈다. 특별히 볼게 있는 것도 아닌데, 여기저기 눈이 간다. 매달려 있는 마른 옥수수며, 열을 지어 꿰어 널린 주홍빛 홍시며, 오래된 짚 소쿠리도 모두 정겹다. 시간도 이곳에서만큼은 반쯤 느리게 흘러가는 듯했다. 조금도 급히 돌아다닐 생각이 들지 않으니, 생각도 또 마음도 반 치쯤 더 깊어지는 기분이다. 이곳을 방문한 사람들은 저마다의 이야기로 가만가만 즐거워 보인다. 모두 어릴 적 보았던 드라마나 책 속의 '서희'에 대해 얘기하고 있을 것이다.

아름다운 하동 19번 국도를 타고 내려와 닿은 하동 악양면 평사리 최참판댁. 이곳은 고 박경리 선생님의 대작 『토지』의 배경이 된 장소다. 책 속의 토지를 드라마로 옮기며 이곳 최참판 댁은 텔레비전 속 평사리 사람들의 터전으로, 서희의 집으로 등장했었다. 천천히 걸어 서희가 머물던 별당채와 사당채, 안채를 모두 둘러본다. 걸어도 걸어도 끝이 없다. 얼마나 부유했던 집이었을지, 집이 가진 규모만으로도 대충 가늠이 된다. 화려한 집, 동시에 수많은 슬픔과 희망을 품고 있던 집. 잠시 쉬어가며 바라본 누마루의 모습이 시원한 전망을 껴안고 있는 모습만큼 아름답다. 잠시 지친 몸에 때마침 시원한 바람이 불어준다. 지리산 자락을 타고 내려온 맑고 건강한 바람이다.

텔레비전을 통해 〈토지〉를 보던 시절, 나는 아주 어린 아이였다. 드라마 속의

시내가 어떤 상황인지도, 드라마가 어떤 메시지를 전하는지도 몰랐던 나이였다. 그저 불쌍한 서희가 어서 빨리 저 집을 되찾기만을 바라며 두 손을 꼭 모았던 기억만이 선명하다. 결국 서희는 모든 것을 되찾았다는 것만 기억할 뿐, 세세한 사건 같은 건 하나도 기억나지 않는다. 그러나 드라마를 보는 내내 언니와 함께 서희의 독기 어린 얼굴 표정을 흉내 내며 따라하던 대사는 똑똑히 기억난다.

: 찢어죽이고 말려 죽일 테야!

그때에는 저 여린 소녀의 마음에 서린 그 독기를 이해하지 못했다. 다만 가늠했을 뿐. 이제와 생각해보니 서희는 참 용감했고 대단했다. 그 까마득한, 1대 100의 싸움 같은 현실을 그녀는 어떻게 이겨냈을까. 아니, 어떻게 이겨낼 거라고 생각했던 걸까. 그런 생각도 든다. 그 넘치는 부를 지켜내며 살아야 했던 삶은 과연 행복했을까, 라는. 아무리 생각해도 그건 너무 커다란 짐이다.

이런저런 생각을 하며 돌아다니다가 사람들이 옹기종기 모여 있는 곳에 나도 참견을 한다. 사랑채 안에 최참판이 앉아 있다. 옛 모습 그대로 진지한 얼굴로 책을 읽는 듯한데, 이따금 관광객들에게 인사를 건넨다. 안채에는 가끔 안방마님도 앉아 있다던데 오늘은 보이지 않는다. 모두 〈토지〉를 찾아 이곳을 찾은 이들을 위한 하동 사람들의 배려였다. 그렇게 얼굴에 웃음이 한가득 도는 걸 느끼며 남은 곳을 두루 둘러본다. 아름다운 연못도, 집 뒤의 대나무 숲도 모두 향기롭다. 한옥에 대한 나의 꿈이 다시 슬며시 고개를 드는 순간이다.

지난 통영 여행 때, 박경리 선생님의 묘소를 찾았다. 관광객으로 북적이는

358.359 하동

곳들을 대충 눈대중으로 훑어보고 가장 먼저 찾은 곳이었다. 미륵 산자락에 아늑하게 둘러싸인 그곳은 무척 한산했다. 사람들로 북적일 줄 알았는데, 그렇지 않아 약간 속상했다. 묘소까지 올라가는 길은 아름답게 조경된 정원이 반겨주었다. 따가운 햇살 아래 모든 것이 조용히 푸르게 빛나고 있었다.

사람들에게 많은 것들을 나눠주고 떠나셔서일까. 선생님의 빈자리를 추념하며 많은 것을 드리고 싶어 하는 사람들의 마음이 느껴졌다. 꽃들도, 나무들도 너무 건강하고 아름답게 자라고 있었다. 선생님의 묘소를 관리하는 사람들의 관심과 애정이 듬뿍 배어 있었다. 얼마쯤 올라갔을까. 묘소 앞에 다다르자 상석 위에 솔방울이 하트 모양으로 놓여 있었다. 그 귀여운 마음에 나는 한참을 웃으며 서 있었다. 누굴까, 생각하다 잠시 가슴이 찡했다. 누군가의 묘소 앞에 당도해 자신의 마음을 놓고 간다는 것. 그 마음은 대체 어떤 걸까. 하트 모양으로 놓인 솔방울 속에 이곳을 찾은 사람들의 마음이 모두 들어 있는 듯했다.

선생님의 묘소 앞으로 남해 바다의 푸른 전경이 탁 트여 있었다. 저 멀리 보이지 않는 수평선의 끝까지 모두 넘어 보일 듯했다. 이 세상을 떠나신 후에도 이토록 아름다운 풍경을 보고 계시다면 저 세상에서도 펜을 들지 않고는 배기지 못하실 것 같다는 생각이 들자 빙긋 웃음이 났다. 그렇게 박경리 선생은 마음이 절로 움직이는 풍경 속에 영원히 잠들어 계셨다.

한 사람의 작가가 죽을 때까지 쓸 수 있는 작품은 얼마나 될까. 수십 편, 수백 편이든 그건 순전히 작가의 여력에 달려 있을 터. 이쯤에서 나는 『토지』를 한 번 더 생각하지 않을 수 없다. 한 작품에 매달린 26년의 세월. 박경리 선생이 『토지』를 쓰며 보낸 26년의 시간을 나는 도저히 이야기할 수 없다. 짐작할 수도 없을 뿐더러 그런 초인적인 열정을 알 턱이 내겐 전혀 없다.

생의 한 부분을 한 작품과 함께 흘려보내는 것.
그리고 결국 마침표를 찍는 것.

사람들의 입에서 '대작大作'이란 말이 '명작名作'이란 말과 함께 절로 흘러나오는 것. 통영에서 서울로 올라간 날, 나는 스물한 권의 『토지』를 눈앞에 늘어놓고 그런 것들을 생각했다. 그런 날에는 밤을 꼬박 새우고도 한 자도 써내려갈 수 없다.

최참판 댁을 나와, 드라마 속 평사리 사람들이 사는 초가집촌을 둘러본다. 때마다 하동군청에서 이엉을 새로 얹는 작업을 한 덕분에 오랜 시간이 지났어도 여전히 잘 유지되어 있다. 마을을 벗어나기 전, 다시 한 번 별당채를 둘러본다. 문득 저 안에 깃들어 짧은 낮잠 한숨 자고 갔으면 좋겠다는 생각이 든다. 그렇게 누워 잠을 자면 꿈에서라도 서희를 만나 그녀의 못다 한 속내를 들을 수 있을 것만 같다. 천천히 길을 돌아 나오며 마음속으로 인사를 건넨다. 서희에게, 그리고 박경리 선생님께. 대단한 걸작은 바라지도 않으니, 부끄러운 글만 남기지 않게 해달라고, 글이 안 된다면 깃털처럼 가벼운 인생들에 조금이나마 도움이 되는 글을 남기고 갈 수 있게 해달라고, 조금이나마 걸작에 가깝게 만들어 갈 수 있게 해달라고 바래보았다.

매화꽃 필 무렵

매화꽃잎이 눈발처럼 흩날린다.
꽃잎이 바람에 흔들릴 때마다 세상은 진한 매화 향기로 울렁거린다. 매화꽃 향기를 맡아본 사람은 안다. 때론 좋은 꽃향기 하나로 몇 년 치 울음을 삭힐 수 있다는 것을. 좋은 꽃향기 하나로 사람의 마음을 살 수 있고, 돈으로 결코 살 수 없는 행복도 살 수 있다는 것을.

봄이 찾아온 하동의 매화마을.
매실농원이 자리한 곳마다, 그리고 도로변마다 하얗게 매화꽃이 만개했다. 매년 봄마다 이곳을 찾아와 진한 향기의 기억으로 겨우 여름과 가을과 겨울을 난 사람들은 다음해 봄이 오면 다시 이곳을 찾는다. 마치 연어의 산란회유처럼, 그렇게 길을 거슬러 하동을 찾는다. 건조하고 마른 겨울의 기억을 모두 털어내고 새로운 봄의 기운을 마음껏 얻어가고 싶은 사람들의 얼굴에는 여기저기 활력이 넘친다. 어떻게 그 긴 계절들을 기다렸는지, 마치 오래 만나지 못한 임을 끌어안는 것처럼 모두의 얼굴이 너무도 행복하다.

하얗게 피어난 매화 꽃송이들을 바라보며 마음속에 묻어왔던 이런저런 속상함을 지우개로 지우듯 꾹꾹 눌러 지운다. 별 탈 없이 또 봄이 왔구나. 이렇게 다시 매화가 만개했구나. 그래, 그러면 되는 거겠지. 나와 같은 생각인지 사람들의 얼굴엔 저마다 미소가 가득하다. 저 멀리로 눈물과 울분이 꽃향기와 함께 바람에 떠밀려 둥실둥실 날아간다.

사랑하는 이의 손을 잡고 매화나무 사이 길을 걷는다.
여기저기 다 꽃, 아니면 사람뿐. 그런데도 이 순간만큼은 세상에 우리 둘만 있는 것 같다. 별다른 말은 오가지 않아도 된다. 그저 이 세상 이런저런 볼 것들이 모두 사라져도 이 꽃길 하나만 남으면 평생 외롭지 않게 살 수 있을 것 같다는 생각에 걷는 것만으로도 충분하다. 어느새 서로의 손을 더욱 꼭 잡는다. 말하지 않아도 매화나무 아래 지금 우린 너무나 행복하다.

매화꽃이 한 차례 만발하고 지나가면, 나무는 이제 제 할 일을 다 했다는 듯 초록 잎을 꺼내든다. 그렇게 한 철 푸르러진 후에는 향기로운 매실을 맺어 사람들에게 나눠준다. 사람들은 매화나무가 떨구어준 과실로 술도 담그고 장아찌도 담가 먹는다. 고백컨대 어리석은 나는 매실나무와 매화나무가 같다는 사실을 안 지가 얼마 되지 않는다. 철마다 어머니와 함께 매실에 설탕을 넣고 매실 액을 담가 먹으면서도 그 사실을 몰랐다. 속이 답답하거나, 소화가 여의치 않을 때, 나는 늘 차가운 물에 매실 액을 타 먹는다. 모든 체증이 쑤욱 내려가는 기분. 나를 괴롭혀온 오랜 위장병을 조금이나마 낫게 해준 게 매실이라는 걸 나는 몸으로 알고 있다.

향기로운 일은 저 혼자 모조리 다하는 것 같은 매화나무가 너무나 예뻐서 나는 꽃이 소복이 달린 가지를 계속 쓸어내린다. 순간 이렇게 힘을 다해 꽃을 피우고, 매실을 맺는 힘이 어디에서 나오는지 생각해본다. 그건 아마 사람들의 사랑이 아닐까 싶다. 사랑을 모르는 꽃이 이렇게 좋은 향기를 피울 리 없을 테니까.

언덕배기 가장 높은 곳에 이르니 드넓은 매화 꽃밭이 한눈에 내려다보인다.
눈물겨운 절경. 이것이 꿈이 아니라면, 분명 천국의 한 부분이 아닐까 싶다.

이런 풍경을 못 본 채 눈 감는 삶은 참 불행하다는 생각마저 든다. 누구나 천국에 갈 수 없는 거라면, 우리는 생전에 꼭 하동의 봄을 만나야 한다. 그렇게라도 천국을 만나봐야 한다.

저기 어디쯤 나무 한 그루 밑에 자리를 펴고 앉아 술 한 잔을 하고 싶다. 매실로 담은 술이면 더 좋겠지. 두런두런 이야기를 나누고, 그마저 이런 풍경에 어울리지 않다면 어설픈 시 한 수 나누어 서로에게 건네줘도 좋겠다. 아름다울 필요도, 멋들어질 필요도 없는, 그저 진심이 담긴 점 하나로만 쓰여도 좋은 그런 시.

봄날의 햇볕에 아지랑이가 피어오르면, 몽롱이 취한 마음으로 서로의 얼굴을 바라보는 일도 행복하겠다. 그러다 잠이 들면 긴 낮잠 끝에 얼굴 위로 떨어진 매화 꽃잎을 털어내며 눈을 뜨는 일도 낭만적인 일이겠다.

그렇게 매화 꽃 향기 가득한 봄날의 하동에서는
내 앞에 앉아 있는 것이 '님'이어도 '남'이어도
모두 눈물이 날 만큼 향기로운 일이 된다.

아름다운
것들

벚꽃나무 밑을 아장아장 걷고 있는 아기의 하얗고 통통한 손.
여자 친구에게 사줄 꽃다발을 들고 지하철에 앉아 쏟아지는
사람들의 시선에 괜히 머쓱해 하는 청년의 수줍은 미소.
유난히 닮은 뒷모습을 가진 연인들의 발걸음.
영 맥을 못 추는 새끼 호랑이를 안고 걱정으로 밤을 지새우는
동물원의 조련사.
봄볕의 유혹을 이기지 못하고 나무 밑에서 꾸벅꾸벅
졸고 있는 원숭이.
1년 기한의 프랑스행 티켓을 다이어리에 넣어두고,
직장 생활이 고단할 때마다 몇 번이고 펴보는 여자.
여행 전날, 열두 번의 패킹을 거듭하다 여행 당일 공항버스를
타기 위해 눈썹이 휘날리도록 달려가는 소녀.
아버지가 사준 새 운동화를 꼭 안고 잠든 꼬마.
두 달 전 바티칸에서 스스로에게 보낸 엽서를 받아들고
눈시울이 시큰해진, 아직은 이별을 믿기 힘든 그녀.
손님 없는 택시를 몰며 오후 시간을 허비하면서도
아내의 점심을 챙겨주는 전화를 잊지 않는 택시기사 아저씨.
50번의 맞선에 실패했지만, 51번째 맞선은 성공할 거라며
술잔을 기울이는 마흔 살 노총각.
팔순 노모의 높아진 혈압에 밤잠을 설치는 쉰일곱 아들의 한숨.

밤마다 얼마 전 시집 간 딸의 앨범을 아내 몰래 펼쳐드는 아버지.
아이들이 다 자랄 때까지, 환경미화원임을 숨긴 채
새벽마다 야광조끼를 입고 집을 나서던 아버지.
부부싸움을 한 엄마와 아빠의 손을 억지로 가져다 잡게 만드는,
아직 말도 잘 못하는 세 살배기 꼬마.
군 입대를 앞둔 남자친구를 생각하면 벌써부터 눈물이 나는
스무 살 그녀, 그리고 그녀를 안쓰러움 반, 웃음 반으로 쳐다보는
서른 살 그녀.
손님 하나 없는 가게를 매일 쓸고 닦는 작은 상점 주인의 부지런함.
어느 날 갑자기 아프리카로 날아가 에이즈에 걸린
아이들의 눈망울을 찍다 갑작스레 눈물을 펑펑 쏟은 사진작가의 얼굴.
나에게 옮은 감기 때문에 콜록대면서도 밤새 이불을 차 버리는
나를 위해 몇 번씩 깨어나 이불을 덮어주는 연인의 정성.
비 개인 날 아침 열어본 창문 밖의 해사한 풍경.
그리고…
너무나 아름다워 눈물이 왈칵 쏟아지는 봄날의 섬진강,
그 보석 같은 물결의 반짝거림.

돌아오는 길

늦은 밤, 서해안 고속도로를 달린다。
막힘없이 모두 제 속도를 내고 있는 차들. 이따금 눈앞에 보이는 방향 지시등의 불빛이 어둠 속에서 명멸한다. 모두 어디로 가고 있는 걸까. 돌아가는 길일까, 돌아오는 길일까. 차 안의 정적이 심심해질 무렵 틀어둔 오디오에서는 '토이'의 4집이 흘러나오고 있다.

며칠, 집 밖에서 보낸 시간은 한가로웠다。
그런데도 나는 지금 무척 피곤하다. 집에 가고 싶지 않았는데, 점점 집에 가까워질수록 어서 집에 도착했으면 하는 마음이 커진다. 이 착하고 고마운 사람들을 두고, 이 아름다운 산과 들과 강과 바다를 두고, 어떻게 집에 가나 싶었던 마음이 모두 한순간의 꿈만 같다. 아마도 그 기억들은 집에 도착하고 얼마간, 주머니 속 마른모래처럼 삶 여기저기에서 데굴데굴 굴러다닐 것이다. 그러다 어느 날 갑자기 눈에 띌 것이다. 그 작은 기억들을 하나하나 다시 주워 담으며 그때를 기억하게 될 것이다.

다시 서울로 향하고 있는 나의 뒤로, 그간 나를 따뜻하게 품어준 여행지의 기억들이 소리 없이 인사를 건넨다.

안녕.

'곧 돌아올게'라고 얘기했지만, 이런 저런 이유 속에 금세 돌아오지 못할 거라는 걸 잘 알고 있다. 점점 서울에 가까워질수록 차들의 수도 점점 많아진다. 반짝이는 차들의 불빛으로 가득한 도시는 복잡하지만 여전히 외롭다. 나는 다시 두꺼운 담벼락이 가로막힌 세상에 던져졌다. 다시 여행을 꿈꾸게 하는, 조금은 삭막한 현실이 내게로 와 부딪힌다. 나는 다시 일상으로 복귀할 것이다. 다시 일을 할 것이고, 쳇바퀴 돌 듯 착착 맞춰진 생활에 두 발을 맞출 것이다. 여행은 좋았느냐는 사람들의 물음에는 웃음으로 대답할 것이다. 여행지에서 건진 사진들은 홈페이지에 슬슬 자신의 처소를 가질 것이다. 여행지에서 가져온 음식들도 아마 며칠은 그곳의 향기를 간직할 수 있을 것이다. 갑작스러운 외로움이나, 견딜 수 없는 그리움 같은 건 생기지 않을 것이다. 지금껏 그렇게 잘 적응해왔으니까.

톨케이트를 지난다.
이제 서울.
우리 동네를 향한다.
아직도 많은 곳이 불이 켜진 채 밤을 태우고 있다. 이 시간 무렵, 사방이 깜깜했던 슬로 시티에서의 고요가 생각난다. 손전등을 들고 거닐던 밤의 논두렁길, 민박집에서 텔레비전만 켜놓고 마시던 맥주의 기억이 생각나 조금 아쉬워진다. 떠날 때 가볍게 챙겼던 가방 속은 며칠 묵은 빨랫감과 텅텅 비워진 일회용 샴푸 같은 게 들어 있다. 낡은 운동화 밑창에는 그곳의 흙이 묻어 있고, 몸 구석구석엔 그곳에서 묻혀온 바람이 아직 그대로 머물고 있다. 언젠가 정리해야 할 것들. 하지만 억지로가 아닌, 조금씩 천천히 그것들을 정리할 생각이다.

돌아오는 길은, 떠나는 길보다 늘 몇 배는 길다.

3847

노곤해진 몸과 아쉬운 마음은 물론이요, 나를 아는 여행지의 풍경들이 내 뒷모습을 잡아끄는 탓일 거다. 그런데 이번 여행은 유독 더 힘들고, 더디다. 더 있다가도 괜찮지 않느냐고, 늘 겪는 일상의 지루함과 피곤함을 왜 그리 떨치지 못하느냐고 묻는 듯한 '느린 삶'을 가진 사람들이 내 손목을 다시 잡아끄는 것 같다. 인간이란 사랑을 하고, 그 사랑에 아파하는 동물이다. 사람이 사랑하고, 그 사랑을 잊기까지에는 사랑한 시간의 곱절의 시간이 필요하다고 했다. 슬로 시티에서 돌아오는 길이 유난히 긴 이유도 결국 사랑과 별로 다르지 않다는 생각이 든다. 마음을 나눠주고, 그 마음을 다시 거둬들이는 일에는 역시나 곱절의 시간이 필요한 거다. 누구에게나.

집으로 돌아가면 일단 창문을 모두 열어놓고, 오래된 공기를 모두 내보내야겠다. 그리고 샤워를 하고 긴 잠을 자고 난 뒤 가방을 정리해야겠다. 혹 마음이 내키면 며칠간 쌓인 먼지들을 깨끗이 닦아야겠다. 여행지의 기운이 묻은 옷들도 천천히 세탁해야겠다. 필름을 현상하러 사진관에 다녀오고, 더러워진 운동화를 세탁하고 나면 여행의 기억에서 조금은 깨어날 수 있을 것이다. 비록 며칠 못가 '다시 떠나야지'라는 생각이 어김없이 들겠지만, 당분간은 여행이 주는 그 불치의 후유증을 좀 더 즐겨야겠다. 아마 올해 가을쯤, 나는 또 어딘가로 떠날 것이다. 그 막연한 계획만으로도 두 계절은 충분히 보낼 수 있다. 설렘을 안은 채.

저 멀리 우리 집이 보인다。
문득 반갑다. 집을 보니 아무리 여행이 좋다 해도, 그래도 우리 집이라는 생각이 든다. 차에서 내려 곳곳이 구겨진 가방을 어깨에 둘러메고 집을 올려다본다. 어느덧 '토이'의 4집도, 슬로 시티에서의 여행도 이제 모두 끝이 났다.

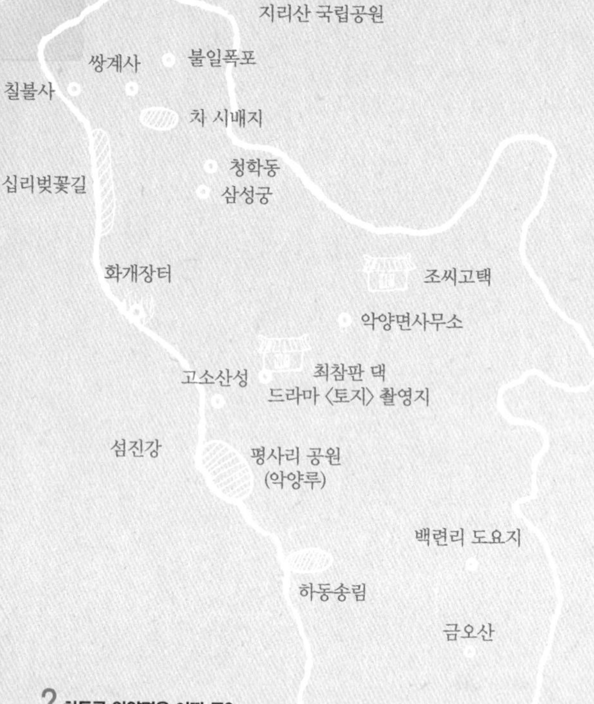

지리산 국립공원
쌍계사
불일폭포
칠불사
차 시배지
청학동
십리벚꽃길
삼성궁
화개장터
조씨고택
악양면사무소
고소산성
최참판 댁
드라마 〈토지〉 촬영지
섬진강
평사리 공원
(악양루)
백련리 도요지
하동송림
금오산

? 하동군 악양면은 어떤 곳?

지리산 자락을 따라 아름다운 야생 차밭이 드넓게 펼쳐진 곳. 2009년 2월 6일 녹차 재배지 중 세계 최초로 국제 슬로 시티 인증을 받았다. 1300년 동안 녹차의 향기를 품어온 야생녹차밭은 과거 임금이 오직 이곳의 녹차만을 진상받았을 정도로 그 명성이 높다. 악양면은 비닐하우스가 없는 유일한 마을로도 유명하다. 사방이 인공으로 이루어진 도시와 달리 자연을 벗 삼아 하루하루를 영위하는 사람들과 시대와 시간을 뛰어넘어 유유히 흐르는 섬진강 역시 이곳을 찾을 수밖에 없게 한다. 하동의 대표적인 슬로 푸드인 녹차가 재배되는 봄이나 대봉감이 재배되는 가을에 찾으면 더욱 깊은 향취를 느낄 수 있다.

하동군 악양면으로 가는 길

승용차

서울 ▶ 대전 ▶ 전주 ▶ 남원 ▶ 구례 ▶ 화개 ▶ 악양
서울 ▶ 대전 ▶ 진주(대진고속도로) ▶ 하동(남해고속도로) ▶ 악양
대구 ▶ 마산(구마고속도로) ▶ 진주 ▶ 하동 ▶ 악양
부산 ▶ 마산 ▶ 진주 ▶ 하동 ▶ 악양

대중교통

기차 용산 ▶ 하동 역(약 5시간 30분 소요)

하동군 악양면의 명소

최참판 댁 고故 박경리 선생의 『토지』의 배경이 된 곳. 소설 속 등장인물들의 집이 옹기종기 모여 있어 산책하는 재미가 쏠쏠하다. 사랑채에 서서 서희가 내려다보던 악양의 푸른 들판을 보노라면 절로 감탄이 터져 나온다. 한옥의 아름다움을 찬찬히 음미할 수 있다. 입장료 1,000원.

평사리 공원 하동읍과 구례군 중간에 위치한 공원. 하동 그린 꽃 가꾸기 사업의 일환으로 조성한 곳인만큼 아름다운 조경은 물론 관광객들을 위한 대형 주차장, 그늘막, 운동시설 등 편의시설과 장승동산 등 볼거리가 풍부하다.

평사리 문학관 『토지』의 주 무대인 최참판 댁 가옥과 연계해 하동과 지리산 지역의 문학에 대한 이해를 돕기 위해 건립되었다. 『토지』, 김동리의 『역마』 등 하동 관련 문학작품을 수집·전시·보존해 놓았다.

화개장터 근처 쌍계사를 찾는 관광객들의 필수 코스. 봄날에 이곳을 찾으면 쌍계사와 장터 사이 십 리에 달하는 벚꽃 길의 아름다움을 맘껏 즐길 수 있다.

쌍계사 통일신라 성덕왕 23년(723) 의상의 제자인 삼법이 창건한 고찰. 임진왜란 때 소실되었다가 조선 인조 10년(1632) 벽암이 중건해 지금까지 이르렀다. 일주문, 금강문, 천왕문을 지날 때마다 들려오는 계곡물 소리가 도시의 일상에 지친 당신의 마음을 깨끗이 씻어준다. 보물 500호로 지정된 대웅전의 고상한 자태와 사찰 주변에 펼쳐진 야생 차밭의 풍경을 바라보는 것도 빼놓을 수 없다.

* '슬로 시티' 하동을 둘러보는 방법은 크게 두 가지 코스가 있다. '섬진강 평사리공원-평사리 들판-고소성-최참판 댁-조씨고택-취간림-악양루-섬진강변-화개장터'로 이어지는 18킬로미터 코스, '화개장터-십리벚꽃길-차 시배지-쌍계사-불일폭포-국사암'으로 이어지는 13킬로미터 코스 중 하나를 선택해서 보는 것도 좋다.

하동군 악양면의 맛집

동흥 식당 섬진강 하면 떠오르는 재첩, 그 맑은 국물 맛이 일품인 곳. 3대에 걸쳐 재첩국 만들기를 이어오는 뼈대 깊은 집이다. 하동군 광평읍 221-43 T. 055.884.2257

단야 식당 천연조미료를 사용한 사찰 음식을 먹을 수 있다. 담백한 사찰국수는 물론 무미無味의 미학을 느낄 수 있는 소박하고 깨끗한 맛의 반찬도 일품이다.
하동군 화개면 운수리 산 101-1 T. 055.883.1667

하동군 악양면의 잘 곳

고궁 모텔 하동군 읍내리 298-17 T. 055.884.5300

황토방 별장 하동군 탑리 T. 055.883.7605

* 그 밖의 숙박 장소는 슬로 시티 홈페이지를 참조하면 된다. www.cittaslow.kr

작가의 글

말이 되지 못한 말들은 모두 어디로 흘러가는 걸까, 하는 생각으로 오래도록 고민한 적이 있다. 입 밖으로 나오지 못하고 가슴 안을 둥둥 떠다니다, 이내 소멸해버린 그 수많은 말들은 지금 모두 어디에 있는 걸까. 마음 속 어딘가에 슬슬 떠다니다 시간의 물살 아래 침식되어버린 그 많은 이야기들.

그 의문에 대해 오래도록 고민하던 어느 날 문득, 거울 속을 쳐다보던 순간, 나는 보았다. 나의 눈 속에 그것들이 있었다. 말이 되지 못한 나의 말들이 거울 속에서, 나를 다시 바라보고 있었다. 그런 눈을 가졌으니, 나는 하고 싶은 말 만큼이나 보고 싶은 것들이 많은가 보다. 그러니까 여기 기록한 나의 여행은, 오래도록 침식되어온, 말이 되지 못한 그 말들의 시선인 것이다.

여행을 떠나 이 글을 남기는 사이, 거의 일 년이라는 시간이 흘러갔다. 이 여행을 하는 동안, 나는 그간 몰랐던 우리나라 곳곳의 아름다움에 어찌할 수가 없을 정도로 좋았다. 그래서 시간이 날 때마다 이 땅 여기저기를 돌아다녔다. 불행인지 다행인지, 아직도 가야 할 곳들이 너무도 많이 남아 있다. 나는 작지만, 너무나도 커다란 나라에 살고 있었던 것이다.
이름마저 생소했던 슬로 시티Slow City. 다섯 곳이었던 슬로시티는 이 책을 마치는 지금 한 곳(충남 예산)이 더해져 여섯 곳으로 늘어났다. 그곳들은 하나같이 담백했고, 아름다웠으며, 심심했다. 그 심심함이 바쁘고 분주한 내 삶

속에 어떠한 설렘으로 다가왔는지는, 글로 다 적었으니 더 이상 말하지 않으련다. 나는 그 고요함과 심심함 속에서 '여행' 이란 두 글자의 이름을 다시 보았다. 말이 되지 못한 채 사라진 말들의 기억을 보았다.

이 책은 나 혼자 쓴 게 아니다. 다섯 곳의 슬로 시티들을 여행하는 동안 만난 모든 산과 강, 바람, 나무, 흙, 그리고 느림의 아름다움을 아는 '사람들'이 함께 썼다고 생각한다. 그저 가만가만 하루를 살고, 자연과 함께 무엇 하나 뽐내지 않으며 겸손하게 살아가는 그곳 사람들이 없었다면, 아마도 나는 이 책을 쓸 용기를 내지 못했을 것이다. 책을 마무리하는 지금도 내 속의 나는 청산도의 푸른 바다 빛을 그리워하고, 증도의 드넓은 염전 위에 쏟아져 내리던 햇살이 보고파 견딜 수 없다.

아, 다시 마음이 간지럽다.

2010년 초여름,

장연정

슬로 트립

– 느리게 숨 쉬는 곳, 슬로 시티를 찾아

초판 1쇄 발행 2010년 6월 30일
초판 5쇄 발행 2012년 11월 10일

글 장연정
사진 이지예

펴낸이 · 편집인 윤동희

디자인 문성미
마케팅 한민아 정진아
온라인 마케팅 김희숙 김상만 이원주
제 작 서동관 김애진 임현식
제작처 영신사

펴낸곳 (주)북노마드
출판등록 2011년 12월 28일 제406-2011-000152호

주 소 413-756 경기도 파주시 문발동 파주출판도시 513-7
문 의 031.955.8886(마케팅) 031.955.2646(편집) 031.955.8855(팩스)
전자우편 booknomad@naver.com
트위터 @booknomadbooks
페이스북 www.facebook.com/booknomad

ISBN 978-89-546-1162-6 03980

* 이 책의 국립중앙도서관 출판시도서목록(CIP)은 e-CIP 홈페이지(www.nl.go.kr/cip.php)에서
이용하실 수 있습니다.(CIP 제어번호: CIP 2010002228)